改变世界的科学

U0237963

数学

物理学

化学

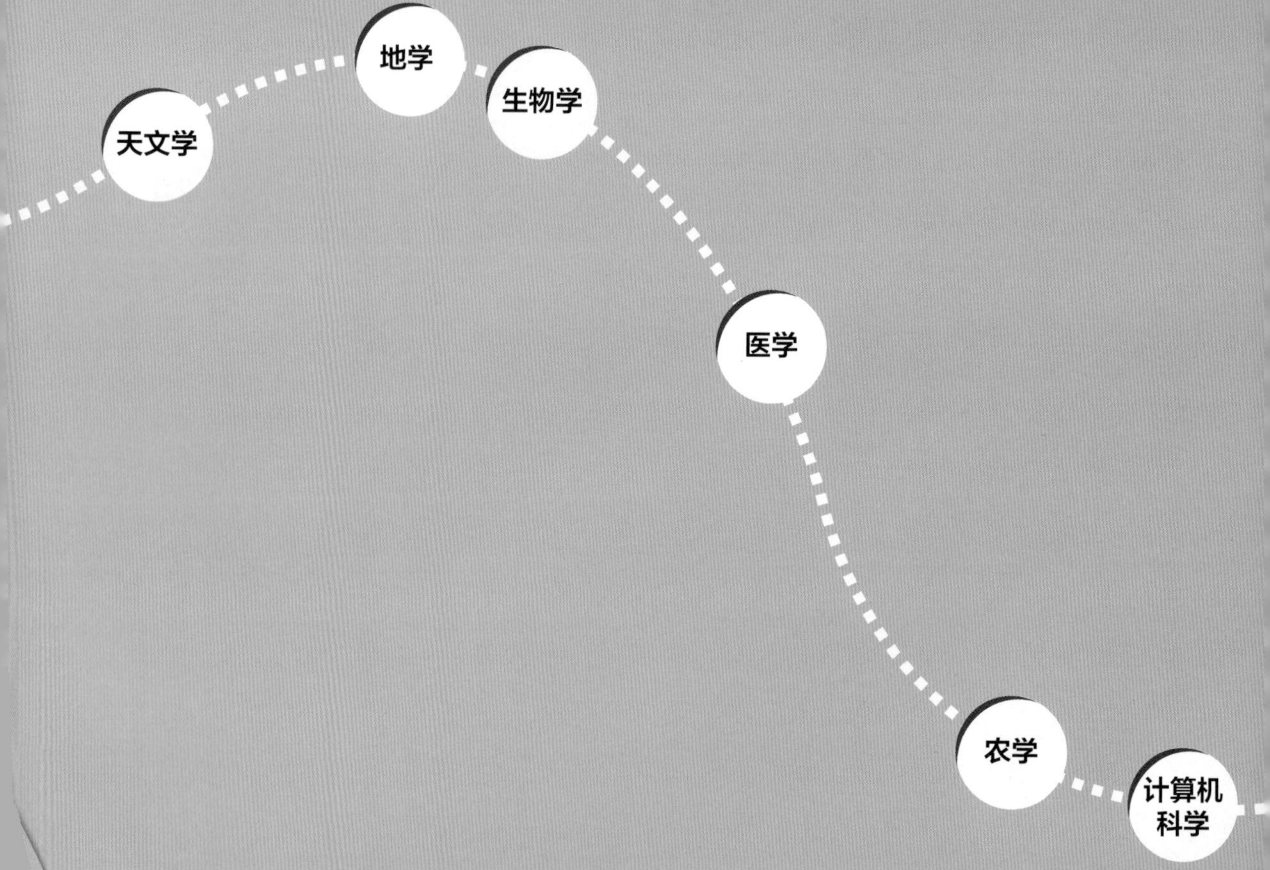

天文学

地学

生物学

医学

农学

计算机
科学

上海出版资金项目
Shanghai Publishing Funds

王 元 主编

改变世界的科学

天文学

的足迹

卞毓麟 • 著

上海科技教育出版社

图书在版编目(CIP)数据

天文学的足迹/卞毓麟著. —上海:上海科技教育出版
社,2015.11(2018.3重印)
（改变世界的科学/王元主编）
ISBN 978-7-5428-6213-6

Ⅰ.①天… Ⅱ.①卞… Ⅲ.①天文学—青少年读
物 Ⅳ.①P1-49

中国版本图书馆CIP数据核字(2015)第077536号

责任编辑 吴 昀
装帧设计 杨 静 汪 彦
绘 图 黑牛工作室 吴杨嬗

改变世界的科学

天文学的足迹

丛书主编 王 元
本册作者 卞毓麟

出版发行 上海科技教育出版社有限公司
（上海市柳州路218号 邮政编码200235）

网 址 www.sste.com www.ewen.co
经 销 各地新华书店
印 刷 上海中华印刷有限公司
开 本 787×1092 1/16
印 张 16
版 次 2015年11月第1版
印 次 2018年3月第3次印刷
书 号 ISBN 978-7-5428-6213-6/N·943
定 价 49.80元

从 20 000 年前的古老陶片到 20 世纪末的神奇碳纳米管，

从 5000 年前美索不达米亚的早期天文观测到 21 世纪的星际探索，

从 3000 年前记录的动植物学知识到 2000 年人类基因组草图完成，

……

一项项意义深远的科学发现，

就像人类留下的一个个深深的足迹。

当我们串起这些足迹时，

科学发现过程的精彩奇妙，

科学探索征途的蜿蜒壮丽，

将一览无余地呈现在我们面前！

1863 年

13 世纪后期

约公元前 18 000 年

约公元前 3 世纪

亲爱的朋友们
请准备好你们的好奇心
科学时空之旅
现在就出发！

2000 年

1026 年

约公元前 90 年

目　录

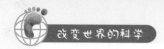

约公元前30—前16世纪
美索不达米亚的早期天文学

在亚洲西部伊拉克共和国的境内,有两条举世闻名的大河:幼发拉底河和底格里斯河。它们流经的区域在古希腊语中叫做"美索不达米亚",意即"两河之间的地方"。和中国的黄河流域一样,"两河流域"也是世界古代文明的摇篮。

苏美尔人神话中掌管爱和美的女神伊什妲尔⑤

上古时代两河流域的北半部称为亚述,南半部称为巴比伦尼亚。通常,巴比伦尼亚的北部又称为阿卡德,南部则称为苏美尔。在公元前4000年之后的某个时候,苏美尔人成了巴比伦尼亚的主要居民。发现苏美尔人的存在,是现代考古学的重大成就。

苏美尔人对于早期人类文明有许多重要贡献,例如制陶转轮、轮车、帆船等技术发明。他们的数学和天文学成就尤为突出。例如将圆周等分为360°,1°分为60′,1′又分为60″。如今人们将1小时分为60分钟,每分钟分为60秒,也可以追溯到苏美尔人的60进位制系统。

苏美尔人早就发现,天上的群星仿佛构成了一些容易识别的图形。据信他们约在公元前30世纪就把天空划分成了一个个星群——这也许比任何其他民族都早。人们后来把这种星群称为"星座"。苏美尔人为星座取的名字,有些一直流传到今天,并在国际上通用。

苏美尔人通过观测太阳视运动的轨迹,建立了黄道的概念。他们发现在固定不变的恒星天空背景上,有5颗明亮的行星(水星、金星、火星、木星和土星)沿着黄道带在群星中穿行。这5颗行星在中国古代统称"五星",再加上太阳和月亮则合称"七曜"。苏美尔人将1年分为许多"星期",每个星期有7天,每天各与七曜之一相联系。例如每星期的第一天和第二天分别属于太阳和月亮,英语中

喀西特时代（前1202—前1188）的一块巴比伦石碑　图中右一为天空之神阿奴，右二为空气之神恩利尔，其形象都是竖立在一个底座上的崇高冠冕。右三为半是山羊半是鱼的伊阿神。上面一排自右而左依次为月神辛、女神伊什妲尔之星和太阳神沙玛什。Ⓢ

星期日叫Sunday（太阳日）、星期一叫Monday（月亮日）等，都可以溯源到苏美尔人的早期天文学。

近代考古学家在两河流域出土了大量刻有楔形文字的泥板。人类有记载的历史，差不多有一半时间是用这类文字书写的。从尼尼微出土的泥板文书表明，公元前20世纪之前，美索不达米亚的定居者已经开始观测记录日月食。公元前19—前16世纪，阿摩利人在美索不达米亚建立古巴比伦王国。那时创立的古巴比伦历将1年分为12个月，大小月相间，大月30天，小月29天，每个月以新月初见为第一天，1年共354天。古巴比伦历固定把每年的春分作为岁首，并用置闰来补足354天同1回归年（约365天）之间的差额。但当时置闰尚无一定的规则，只是由国王酌情随时宣布。直到公元前500年前后，在波斯帝国国王大流士一世统治时期，才开始有固定的置闰法则。

美索不达米亚最早的天文观测记录之一　表中按当时采用的阴历列出汉穆拉比王朝阿米萨杜卡国王时代金星出没的情况。Ⓞ

约公元前27世纪
古埃及的旬星体系和历法

　　古埃及的地域可以分为两大部分：尼罗河下游的三角洲为下埃及，孟菲斯以南的尼罗河谷地为上埃及。约公元前3100年，上埃及国王美尼斯统一埃及。直到公元前332年被马其顿国王亚历山大征服，古埃及前后经历了31个王朝。

　　古埃及的文化以第三王朝（约公元前27世纪）到第六王朝（约公元前24—前22世纪）最为繁荣，金字塔就是在此期间建造的。最大的一座金字塔北面正中有一个入口，从它前往地宫的通道与水平面倾斜成30°角，恰好正对当时的北极星。古埃及人已经有了包含天鹅座、猎户座、天蝎座、白羊座等的星座体系。他们把赤道附近的恒星分成间距大致相等的36组，每组一颗或几颗星，分管10天，称为旬星。当某一组星恰好在黎明前升上地平线——这称为"偕日升"，那便是这一旬的开始。如今已经发现属于第三王朝的旬星文物。

　　埃及最早的历法以3旬为1月，4月为1季，3季（称为洪水季、播种季、收获季）为1年，共计360天。古埃及人利用尼罗河泛滥后的沃土进行耕作，而尼罗河的泛滥基本上与天狼星偕日升同步。通过长期观测，古埃及人发现，天狼星偕日升的周期其实是365天。大约到公元前18世纪，他们已经在每年年末增添5个附加日，正式使用1年等于365天的埃及历了。

　　但是，天狼星偕日升的周期实际上比365天还要长出约1/4天。如果古埃及历某一年的年首天狼星正好偕日升，那么大约经过122年，就要到年首之后1个月才能看到天狼星偕日升；一直要经过1461年，天狼星才再次在年首偕日升。天狼星在古埃及被称为"天狗"，因此1461个古埃及年就被称为"天狗周"。

古埃及的天空女神努特　她由空气之神苏支托着，下方斜倚着大地之神盖布。①

约公元前2000年
巨石阵和陶寺古观象台

史前人类留下了大量神奇的遗迹,其中有的很可能和萌芽中的天文学有关。"考古天文学"的任务,就是用考古学和天文学的方法详细研究这些遗迹,以便揭开古代天文学的面纱。而这类研究,正是从对"巨石阵"进行科学考察开始的。

巨石阵雄姿(1989年卞毓麟摄)Ⓑ

巨石阵近景(局部)Ⓑ

巨石阵,是指英格兰南部索尔兹伯里平原上那一大群排列有序的巨石。它的主体部分是排成一大圈的巨型石柱,每根石柱高约4米,宽约2米,厚约1米,重约25吨。不少石柱顶端还横架起一些石梁,形成拱门的模样。巨石阵从大约公元前2000年开始分期建造,前后延续了几百年之久。想到一代又一代人百折不挠地为此付出的汗水心血,真是令人肃然起敬。可是,它究竟有什么用途呢?

20世纪初,英国天文学家洛克耶指出,从巨石阵的中心朝外围不同的巨石望去,正好对着一年中夏至、冬至以及其他一些日期日出或日落的方位。他推断早在建造巨石阵之时,人们已能确定一年中相当于夏至、冬至、春分、秋分、立春、立夏、立秋和立冬的8个时节了。科学家们猜想,巨石阵有可能是远古人类为观测天文现象而建造的,相当于一座极其古老的"天文台"。

另一方面,早在17世纪,英国学者奥布里就发现,在巨石阵四周还有56个坑穴排列成一个巨大的圆圈,后来就称为"奥布里坑"。每个坑的直径约1米,坑内没有找到同天文有关的物件,却发现了不少骨灰、火石、骨针等似乎与宗教仪式或墓葬活动有关的东西,因此也有人主张巨石阵是宗教活动场所。当然,更可能的是:巨石阵既是宗教活动场所,又是墓葬场地,同时还起着天文台的作用。中国的许多古墓中都发现了古代的天文图,不也表明古代墓葬场所往往和天文有关吗?

世界上的其他地方也有同巨石阵类似的史前古迹。例如,美国怀俄明州北部比格霍恩山中的"魔轮",是古代印第安人建造的。它是一个直径约25米、用石块排成的不规则圆轮,中心有一个直径约4米的圆锥形石堆。28根用石块排成的辐条,从中心石堆一直往外伸向圆轮的边缘。研究者们同样在这个魔轮中发现了一些天文指向线,如夏至那天的日出方向和日落方向等。

1978年,中国考古学家在山西省襄汾县陶寺镇发掘出大批新石器时代的遗物。后来,又发掘出城址、宫殿、宗庙、王陵等象征着王都的遗址。利用碳14同位素测定年代,可知陶寺遗址距今已有4000—4300年,比夏朝还早,大致与尧的时代相当。据中国古代文献记载,尧的都城是在平阳,即今天的山西临汾一带。如今根据对陶寺遗址的考古发掘和研究,可以相信将它定为尧都是很恰当的。

尧都遗址城墙的东南角是祭祀区。考古学家从2003年开始进一步发掘时,特别留意了后来被称为"陶寺古观象台"的残基。据天文学家和考古学家共同论证,它具有观象和祭祀的双重功能。这个古观象台呈大半圆形,中心是一个观测点。在距离观测点10.5米处,有13个夯土柱排列成一个圆弧状,弧长约19.5米。相邻柱间留有狭缝,缝宽平均为15—20厘米。观测点、柱缝、建筑构件以及远处的山,构成了一套庞大的天文观测仪器。例如,冬至那天从观测点看过去,太阳刚好通过2号缝,与对应的山头相切;夏至那天,太阳刚好通过12号缝,与对应的山脊相切,等等。据此,可以将一年分为20个节点。也就是说,尧时应该用过一种将全年分为20个节气的历法,"二十四节气"则是后来的事情。陶寺古观象台的时代比巨石阵早,但规模较小。因为它们的实质性功能很相似,所以有人昵称陶寺古观象台为"中国的巨石阵"。

位于山西省襄汾县的陶寺古观象台复原图⑤

公元前14世纪
中国留存最早的新星记录

甲骨卜辞中的新星纪事　中间一列文字为"㞢新大星并火"。⑫

很久很久以前，人们已经发现，天空中有时会出现一颗原先谁都没有见过的星星。中国古人常把这种新出现的星星称为"客星"，就好像天空中突然来了一位客人。中国古代记载的客星，大多为彗星、新星、超新星，此外也包括一部分流星、极光等其他天象。

中国最早是从什么时候开始记载"客星"的？早在河南安阳出土的殷墟甲骨文中，就有中国留存至今最早的新星纪事。纪事共两条，时间都是公元前14世纪，距今已有3300多年。一条纪事说"七日己巳夕　□㞢新大星并火"，"㞢"的意思是"有"。另一条是"辛未酉新星"。这两条记载记录的很可能是同一颗新星。

后来的中国古籍中，有关新星的记述相当丰富。年代较早的，例如有今本《竹书纪年》记载的"周景王十三年春，有星出婺女"，是说公元前532年在宝瓶座ε星附近出现了一颗新星。《汉书》中记载"高帝三年七月，有星孛于大角，旬余乃入"，是说公元前204年在大角星（即牧夫座α）附近出现一颗新星，过了十多天才消失。这样的记载还有许多。

现代天文学已经阐明，新星其实并不是新诞生的恒星，而是恒星演化到晚期的一种爆发现象。新星爆发时，亮度往往可以在几天之内陡然增强上万倍，然后经过几个月甚至几年时间，又大致回复到爆发前的状态。

甲骨文发现地——河南安阳殷墟遗址⑬

约公元前13世纪
殷商阴阳历开始使用

　　古人由于生活和生产的需要，很早就希望掌握昼夜、月相和季节的变化规律。于是，观测天象、制定历法便由此萌芽。历法，就是推算年、月、日的时间长度，探究它们相互之间的关系，并由此确定时间序列的法则。几千年来，全世界的历法主要可以分为三大类，即阳历、阴历和阴阳历。

　　阳历是以季节变化——即地球公转运动为基础制定的历法。地球绕太阳公转一周，就是阳历的一年，称为1个"回归年"，时间略长于365天。例如，现行的公历就是一种阳历。阴历是以月亮圆缺变化为基础制定的历法。月亮盈亏循环一周，就是阴历的一个月，称为1个"朔望月"，大致为29天半。如伊斯兰教历就是一种阴历。阴阳历结合了阳历和阴历的主要特点：1个月的天数大致等于1个朔望月，1年的天数又大致等于1个回归年。中国的农历就是典型的阴阳历。

　　麻烦的是，一方面，根据天象观测确定的年和月，所包含的天数都不是简单的整数或分数。例如，按季节变化确定的回归年实际长度为365.2422…日，按月相变化确定的朔望月实际长度为29.5305…日。而另一方面，实际使用的历法中，1年所含的月数和1个月所含的天数又必须是整数。制定历法，就是要尽量合理地协调这两个方面。这样，历史上制定的各种历法就会各有侧重和差异。

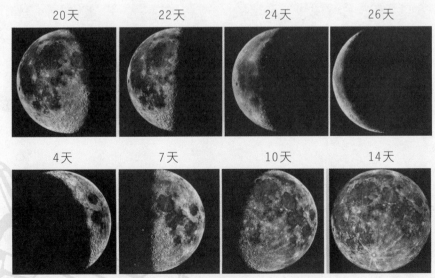

月相盈亏变化图Ⓑ

中国早在公元前约13世纪的殷商时代,已经采用阴阳历,年有平年、闰年之分,平年12个月,闰年在年终设置一个闰月,全年共13个月;每个月以新月开始,月有大、小之别,大月30日,小月29日,大小月相间,有时还会插入一个连大月,由此可见当时已经知道1个朔望月略长于29.5日。

当时,中国古人测定分至(春分、秋分、冬至、夏至)的日期,前后误差大致不超过10天。经过这样的安排,季节和月份的关系就基本上固定了。但是一年的开始,还要依据天象观测随时调整。

到了战国时期,公元前480年前后,出现了一类历法,将回归年的长度定为 $365\frac{1}{4}$ 日,朔望月的长度定为 $29\frac{499}{940}$ 日,并且在每19年中置闰7次——这称为"闰周"。因其回归年所含日数的余数为1/4,故称"四分历"。后来在东汉时期又使用另一种四分历,所以前面那种又被称为"古四分历"。古四分历采用的回归年长、朔望月长和闰周数据,都是当时世界上的最佳值。它们之间的关系为:$19\times365\frac{1}{4}=(19\times12+7)\times29\frac{499}{940}$。战国时期,各诸侯国使用不同的历法,如黄帝历、颛顼历、夏历等,也都是四分历,但起始年份和一年的首日各不相同。

古代希腊早先使用阴历,每年12个朔望月,大月30日与小月29日相交替,一年共354日。为了协调月份和季节,希腊人默冬于公元前432年提出,可在19个回归年中增设7个朔望月作为闰月,如此共含235个朔望月,其中大月125个,小月110个。与此相应的回归年平均长度为365.2632日,朔望月长度为29.53191日。后世把这一规则称为"默冬章",即默冬制定的章法。

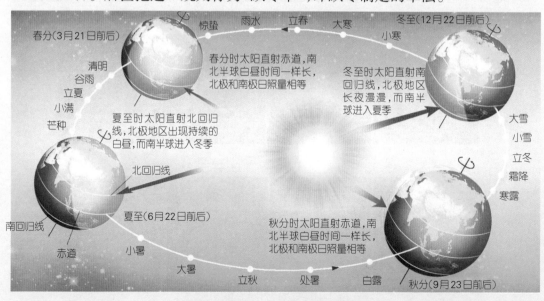

地球运动及二十四节气示意图©

公元前7世纪
巴比伦发现日食和月食的沙罗周期

日食和月食是由地球和月球的运动造成的天文现象,统称为"交食"。因为地球运动和月球运动都是周期性的,所以交食也会周期性地重现。

早在公元前7世纪,建立新巴比伦王国的迦勒底人已经发现,每次交食之后经过6585.32天,就会发生另一次同它相似的交食。在天文学中,月相循环变化一周,所经过的时间称为一个朔望月,长度约为29.53天。因此,6585.32天就相当于223个朔望月,或相当于公历的18年又 $11\frac{1}{3}$ 天。交食以此为周期按同样的次序重复出现,称为"沙罗周期"。"沙罗"是英语词Saros的音译,最初由巴比伦语音译而来,原意是"重复"或"恢复"。不过,有的科学史专家对这种说法还有异议,认为沙罗周期是若干世纪以后才总结出来的经验规律。

壮观的日全食◎

随着天文学家对地球和月球的运动了解得越来越深入,对于日月食的计算和预告也越来越准确了。1887年,奥地利天文学家奥伯尔泽出版了他花费20多年心血计算、著述的《食典》一书。书中列出公元前1208年到公元2161年间的8000次日食,以及公元前1207年到公元2163年间的5200次月食的计算结果,并载有日食路线图160幅。《食典》出版后,一直是研究古代日月食和计算当代日月食的重要典籍,沙罗周期也得到了更充分的证实。

公元前613年
中国对哈雷彗星的首次确切记载

中国是世界上最早记录彗星、而且古代彗星记录最为丰富的国家,在正史和地方志中有成千条彗星记录。中国古代对彗星有多种别称,如孛星、星孛、蓬星、异星等。对于最著名的哈雷彗星,中国拥有世界公认最早最完整的记载。

《春秋》关于鲁文公十四年的彗星记载⑧

在相传由孔子整理修订的、记录春秋时期历史的编年体古籍《春秋》中,记载了鲁文公十四年(公元前613年)"秋七月,有星孛入于北斗",就是世界上关于哈雷彗星的最早的可靠记载。此后,自秦王政七年(公元前240年)至清宣统二年(1910年)的两千多年间,哈雷彗星每隔76年光景回归一次,一共应出现29次,每一次在中国都有较详细的记录。这为研究哈雷彗星的轨道变化、起源与演化等提供了极宝贵的史料。

中国古人在两汉时期对于天象观测的细致和精密程度,已经很令人惊叹。例如,1973年,湖南长沙马王堆三号汉墓发掘成功,墓主是西汉初年轪侯利仓之子,下葬于汉文帝十二年(公元前168年)。从此墓出土的文物中包括帛书20余种,共12万多字。出土帛书中有20多幅彗星图,其画法表明当时不仅已经观测到彗头、彗核和彗尾,而且彗头和彗尾还有不同的类型,真是精彩非凡。

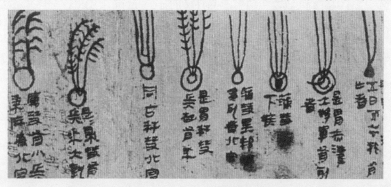

马王堆汉墓出土的帛书彗星图(局部)⑩

公元前3 世纪
阿里斯塔克测量日月距离和大小比例

古希腊天文学家阿里斯塔克于公元前约310年出生在萨摩斯岛。关于他的个人生活,现在几乎一无所知。但他的工作成就表明,他极其富有创见。阿里斯塔克既是一位优秀的观测家,又是一位天才的理论家。大约在公元前260年,阿里斯塔克指出,假设所有行星(包括地球)都环绕太阳运行,那么一切天体的运动就很容易解释了。由于这一论点,他被近代科学家称为哥白尼的先行者,但当时的学者却不能接受。阿里斯塔克的著作大多已失传,只有《论日月的大小和距离》一文流传到了今天。人们从中了解到,他是何等巧妙地测量了太阳和月亮的距离与大小。

阿里斯塔克是怎样做的呢?这可以归结为以下三个步骤:首先,确定太阳与地球的距离(日地距离)同月亮与地球的距离(月地距离)之比;其次,由日地距离同月地距离之比推算日、月的大小比例;最后,测算地月大小之比,以及日地大小之比。

对于上面所说的第一步,阿里斯塔克提出,月亮在上弦时被照亮一半,这时太阳、地球和月亮恰好构成一个直角三角形,月亮位于直角顶点。他根据观测确定,

古希腊天文学家阿里斯塔克Ⓦ

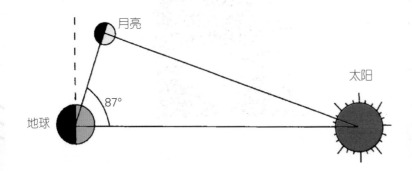

阿里斯塔克测量日、月到地球距离之比值的方法Ⓑ

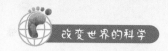

此时太阳和月亮在天穹上相距87°,并由此推算出日地距离是月地距离的19倍。从原理上讲,这种方法完全正确。但遗憾的是,当时阿里斯塔克没有精确测量角度的仪器,他的估算结果误差相当大。实际上,太阳与地球的距离大约要比月亮与地球的距离远上400倍。

对于上述第二步,阿里斯塔克指出,日全食时月亮恰好能挡住整个太阳,所以从地球上看去它们的角直径必定相等。由于太阳的距离是月亮的19倍,太阳真正的直径必定也就是月亮的19倍。

最后,阿里斯塔克又通过在月食时观测地球的影子,计算出地影的宽度,并由此推算出月球的直径是地球直径的1/3。这一估计基本正确,地球的直径实际上是月球直径的3.8倍。由此,阿里斯塔克得出太阳的直径是地球直径的 $19 \times \frac{1}{3} = 6\frac{1}{3}$ 倍,而太阳的体积则是地球的200多倍。

在人类历史上,阿里斯塔克第一次利用正确的科学原理,大胆尝试测定天体的距离,这是非常令人钦佩和值得赞扬的。在阿里斯塔克看来,小物体应该围绕大物体运转,而比地球还大200多倍的太阳如果绕着地球转动的话,那真是太不合乎逻辑了。所以他猜想,不是太阳绕着地球转,而是地球环绕着太阳运行。这一天才的猜测,比波兰天文学家哥白尼严格论证日心学说早了17个世纪。可惜的是,他在时代的前面走得太远了,当时没人能理解他。倘若不是阿基米德在著作中提及的话,阿里斯塔克的这一想法很可能早就被世人遗忘了。

公元前约230年,阿里斯塔克在著名的亚历山大城去世。

埃及亚历山大城最著名的遗址之———古罗马人建造的庞培纪念柱ⓦ

公元前3世纪中后期
埃拉托色尼估测地球周长

有许多迹象表明大地并不是平的。例如,船只出海时,岸上的人看到船底首先消失,船身仿佛渐渐降到海平面以下,而船帆依然清晰可见。无论船只往什么方向航行,它们都是这样消失的。倘若大地是弯曲的,就应该出现这样的情景。人们还发现,月食时大地的影子落到月亮上,无论地影的投射方向如何,它的边缘总是圆形的。因此大地必定是一个真正的球。

古希腊人从公元前4世纪的亚里士多德时代以来,便接受了大地是一个球体的观念。可是,这个球究竟有多大呢?

公元前240年前后,古希腊人埃拉托色尼巧妙地测出了地球的大小。埃拉托色尼约出生于公元前276年,他是天文学家、地理学家、历史学家,还是文学评论家,曾任当时世上最先进的科学机构——埃及的亚历山大图书馆的馆长。

埃拉托色尼发现,6月21日夏至这天的正午,在亚历山大城太阳相对于铅垂线倾斜了7.2°。而在亚历山大城以南的塞恩城(今埃及的阿斯旺),太阳却正当头顶,阳光可直射井底。埃拉托色尼认识到,出现这样的情况,必定是由于地面的弯曲。于是,他派人用徒步测量的方法,查明亚历山大与塞恩城相距约5000希腊里,即将近800千米。埃拉托色尼推论,既然在这800千米的距离上地面已经弯曲了7.2°,即一个圆周的1/50,那么整个地球的周长就应该是它的50倍,即25万希腊里。如今的测量技术不知比古希腊时代高明了多少倍。然而,近代测量所得的地球周长——约40 000千米,却令人深感惊讶:埃拉托色尼那些粗陋的估测,结果竟然如此准确。

可惜,古希腊人并没有普遍接受埃拉托色尼的估测结果。直到1522年麦哲伦船队的幸存者们完成环球航行回到欧洲,才纠正了这一错误。

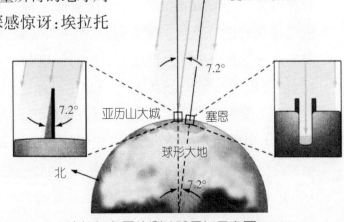

夏至日的太阳光

7.2°

亚历山大城　塞恩

球形大地

北　　7.2°

埃拉托色尼估测地球周长示意图⑧

公元前2世纪
依巴谷测定月地距离、编制星表等

依巴谷是古代希腊的一位知识巨人，西方人尊称他为"天文学之父"。关于他的生平，后人知道得很少。他出生于公元前约190年，诞生地是尼西亚（今土耳其的伊兹尼克）。公元二三世纪尼西亚的一些硬币上，刻有他凝视着一只球的坐像，可见他在家乡名声很大。依巴谷约于公元前120年逝世，卒地可能是爱琴海的罗得岛。

依巴谷Ⓦ

依巴谷的众多著作已经失传，人们只是通过托勒玫著述的《天文学大成》一书才对依巴谷的工作略有所知。通过从两地观测同一次日食，依巴谷推算出月亮与地球的距离在59至67½个地球半径之间，这同月地之间的真实距离（60个地球半径）相当吻合。他还得出地球直径是月球直径的3倍，也与实际情况比较接近。依巴谷估测太阳与地球的平均距离为490个地球半径，太阳直径为地球直径的12又1/3倍，虽然这些结果并不准确，但已经表明太阳比地球大得多。

依巴谷发现，一年之中太阳在天穹上移动的速度快慢不等：从春分到夏至是$94\frac{1}{2}$日，夏至到秋分是$92\frac{1}{2}$日，秋分到冬至是$88\frac{1}{8}$日，冬至到春分是$90\frac{1}{8}$日。对此，他的解释是：太阳在环绕地球的圆轨道上作匀速运动，但地球并不在圆心，而在偏离中心1/24半径处，于是从地球上看去太阳的周年视运动就不均匀了。依巴谷在罗得岛上建立观象台，发明了许多观测天象的仪器。他测算出一个回归年的长度是365.25天再减去1/300天，这与实际情况只相差6分钟。他还求出1朔望月相当于29.530 59日，与真值的误差还不到0.000 01日！

天文学中用"星等"来衡量天体的亮度，也可以上溯到依巴谷。他编制了一份包含850颗恒星的星表，列出它们的亮度和黄道坐标值——黄经和黄纬。他把天空中最亮的20颗恒星定位1等星，稍暗一些的是2等星，然后依次为3等星、4等星、5等星，正常人的眼睛勉强能看见的暗星则为6等星。直到依巴谷去世后两千年，英国天文学家波格森才于1856年制定了一种更精确的星等标尺，并沿用至今。

波格森发现,1等星的平均亮度差不多正好是6等星的100倍。于是他规定:恒星的亮度每差2.512倍,它们的星等数就相差1。也就是说,5等星的亮度是6等星的2.512倍,4等星的亮度又是5等星的2.512倍……1等星的亮度就是6等星的$(2.512)^5 \approx 100$倍。用望远镜可以看见许多更暗的星,它们就是7等星、8等星……另一方面,比1等星更亮的是0等星,比0等星更亮的是"-1等星",如此等等。现代天文学家测量天体的亮度很精密,星等要用小数来表示。例如,火星最亮时是-2.8等,最暗的时候则是+1.4等,它在最亮时要比最暗的时候亮15倍。

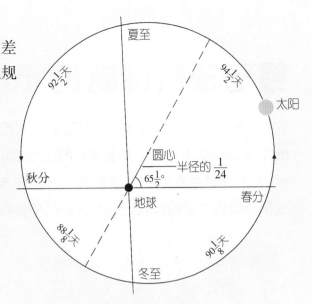

依巴谷的太阳运动偏心圆模型　太阳在圆周上匀速运动。从地球到圆心的距离是半径的1/24,图中明显夸大了这一比例。Ⓑ

依巴谷把自己观测恒星的结果同比他早大约150年的两位古希腊天文学家阿里斯提鲁和蒂莫恰里斯留下的记录相比较,发现恒星的黄经普遍增加了约1.5°,而黄纬变化却不明显。他对此作出了正确的解释:这其实反映了黄经的起算点春分点——即天赤道和黄道的交点——正沿着黄道缓慢地移动,称为春分点的岁差。岁差的起因,直到17世纪才由英国科学家牛顿首先阐明:太阳和月球对地球赤道隆起部分的吸引,造成地球自转轴绕着黄道轴进动。这在天球上表现为天极绕黄极描绘出一个半径约为23.5°的小圆,每绕一周历时约25 800年。于是与此相应,春分点也沿着黄道不断西移,约25 800年转完一圈。

岁差示意图　地轴的进动类似于陀螺自转轴的进动。地轴在5000年前指向右枢星(天龙座α),目前指向北极星(小熊座α),再过约12 000年则将指向织女星(天琴座α)。Ⓑ

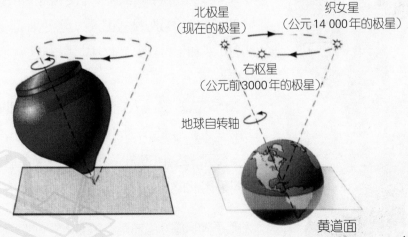

公元前46年

罗马颁行儒略历

古罗马人起先采用阴历,后来逐渐向阳历过渡,但由于设置闰月太随意,造成了历法的极大混乱。难怪18世纪的法国学者伏尔泰要说:"罗马人经常打胜仗,却不知道是在哪一天打胜的。"公元前59年儒略·恺撒执政时,采纳希腊天文学家索西泽尼的建议,于公元前46年颁行新的历法,史称儒略历。

儒略历是一种纯粹的阳历,将冬至之后10日定为岁首,也就是元旦;每年12个月,单数月为大月,含31天,双数月为小月,含30天,但2月只有29天,全年共365天。儒略历规定"每间隔三年置闰一次",也就是每4年中设一个闰年,在2月末加上1天,所以在历史上是曾经出现过"2月30日"的。这样,1年平均就有365.25天了,与回归年的实际长度365.2422日相当接近。

儒略历的每个月份都有自己专门的名字,例如1月叫Januarius。恺撒把他自己出生的那个月——7月重新命名为Julius(即"儒略")。两年后,恺撒遇刺身亡,执行历法的僧侣们把"每间隔三年置闰一次"误解为"每三年置闰一次",这样就使得公元前42年—前9年期间比原来的规定多设置了3个闰年。

恺撒的继承者奥古斯都发现僧侣们置闰有误后,就下令规定从公元前8年至公元4年这12年不再置闰,来抵消早先多设置的3个闰年。从公元8年起恢复每四年置闰一次的法则。他还把自己出生的8月份改称为Augustus(即奥古斯都),并从30天改为31天。同时又从2月份再减去1天,使得平年的2月只有28天,闰年也只29天。8月改为大月后,奥古斯都又将9月和11月改为小月,10月和12月改为大月。所有这些变动,在现行的公历中全都保留了下来。

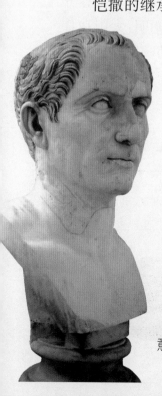

早先,古罗马人把春分日(昼夜长度相等的那一天)作为全年的第一天。儒略历改为以Januarius的第一天作为岁首,即1月1日。公元325年,欧洲的基督教国家在尼斯城召开宗教大会,决定共同采用儒略历,并规定置闰必须确保春分日为3月21日。

意大利那不勒斯国家考古博物馆的儒略·恺撒胸像ⓦ

公元前28年
中国留存最早的太阳黑子记录

黑子是太阳表面经常出没的暗黑斑点,也是太阳活动的基本标志。通常,因为阳光过于灼眼,所以肉眼看见太阳黑子的机会不多。但是,在日出或日落时分,或有风沙、雾霾的时候,阳光减弱,就有可能看见日面上的大黑子了。

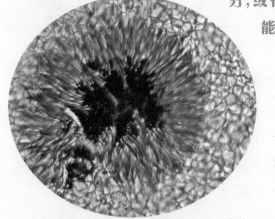

一个太阳黑子　中央是最暗的本影,外缘环绕着稍暗的半影,背景是布满了"米粒"的光球层。Ⓦ

中国古代观测太阳黑子有着悠久的历史。1972年,湖南省长沙市马王堆一号汉墓发掘成功。这是一座公元前2世纪的西汉墓,出土的大批随葬品中有一幅精美的帛画。画面上方绘有一轮红日,里面蹲着一只乌鸦。这正好与同时代成书的《淮南子·天文训》记载的"日中有踆乌"相呼应。"踆乌"传说是太阳中的三足乌,后来直接借指太阳。"日中有踆乌",应该是对太阳黑子现象的艺术性再现。

中国史书中,常将太阳黑子说成"日中有黑气"、"日中有黑子"等。例如,《汉书·五行志》记载:西汉成帝河平元年(公元前28年)"三月乙[经考证"乙"应为"己"]未,日出黄,有黑气大如钱,居日中央"。这被世界公认为明白无误的太阳黑子最早记录。它对黑子出现的时日、形状、大小以及在日面上的位置都作了简明、可靠的描述。中国古代的太阳黑子记事数以百计,这份珍贵的史料,对于研究太阳活动的历史及其对地球气候的影响等,都具有重要的科学价值。

1989年中国发行的特种邮票小型张《马王堆汉墓帛画》帛画左上方的月亮内有蟾蜍,右上方的太阳内有乌鸦。Ⓨ

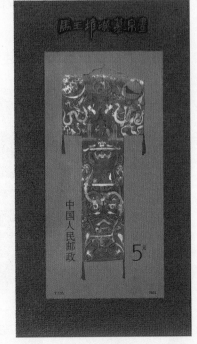

公元2世纪
张衡发明漏水转浑天仪

张衡是中国东汉时期伟大的天文学家,公元78年生于南阳(今河南省南阳市)。17岁时离开家乡,到西汉故都长安和当时的首都洛阳寻师访友,考察采风。

公元100年,张衡回到南阳,曾任主簿两年,在此期间写下了脍炙人口的文学名篇《东京赋》和《西京赋》,一直流传至今。后来,他在家钻研哲学、数学和天文,名声大振。公元111年,张衡重返京城,曾两度担任太史令——相当于皇家天文学家,共14年,在天文学上成就卓著。

中国人民邮政1955年发行的纪念邮票"纪33 中国古代科学家"之张衡①

汉朝的时候,中国关于宇宙结构的理论,主要有盖天说、浑天说和宣夜说三派。张衡是浑天说的代表人物,主张天如蛋壳,地如蛋黄,天大地小,天地各乘气而立,载水而浮。他设计制造了用来演示浑天说的"漏水转浑天仪",简称浑天仪,其功能与现代的天象仪相似。

中国古代用于测量天体位置的仪器,通常称为"仪",例如"浑仪";用来演示天体如何运动的,则称为"象",例如"浑象"。在一些古籍中,它们也常统称为"浑天仪"。浑象最早是公元前52年汉宣帝时代的耿寿昌制造的,张衡对它作了改进。

张衡的漏水转浑天仪,核心部分就是

张衡博物馆　位于张衡出生地——今河南省南阳市卧龙区石桥镇,是国家重点文物保护单位。图为当地在2009年举行纪念张衡逝世1870周年大典盛况。⑧

明正统二年(1437年)仿元代仪器制造的浑仪　现陈列于南京市中国科学院紫金山天文台。®

一具直径4尺多的铜制浑象。浑象上绘有黄道、赤道、南极、北极、二十八宿和全天星官。浑象一半露在外围的地平环之上,一半处于地平环之下。张衡用一套齿轮传动装置将浑象同漏壶联系起来,以漏壶滴水推动浑象均匀地绕南北极轴旋转,并使它与天体的周日视运动同步。人在室内观察浑象,就可以知道天空中哪颗星星正处在哪个位置上。这台仪器使用的漏壶,是迄今所知最早的两级漏壶。浑象外面还附设日月行星的模拟物,可随时移动,以标示相应天体在天空中的实际位置。另外,浑象还带动一个被称为"瑞轮蓂荚"的装置,此装置每日开启或关闭一张叶片,能按月亮盈亏来表示阴历的日期,相当于一个机械自动日历。漏水转浑天仪对中国天文仪器的发展很有影响,唐宋时代在其基础上又研制出了更加精致的天文钟和天象演示仪器。

　　张衡观测和研究了许多具体的天象,如统计出中原地区能够看到的恒星大约有2500颗,基本掌握了月食的原理,测出了太阳和月亮角直径的近似值等。公元132年,张衡还制造了世界上第一架测验地震的仪器"候风地动仪"。他是东汉时期著名的文学家,还被列为当时的六大画家之一。

　　公元139年,张衡与世长辞。为纪念他的功绩,国际天文学联合会将月球背面的一座环形山以及第1802号小行星命名为张衡。郭沫若曾为张衡题写碑文:"如此全面发展的人物,在世界史中亦所罕见。万祀千龄,令人敬仰。"

公元2世纪
托勒玫地心说和《天文学大成》

通常,行星在天穹上是自西向东穿行于群星之间的。然而,每颗行星都会发生这种情况:其视运动渐渐减慢,直到某一时刻完全停住;然后倒退着从东往西移动一段,尔后再度停顿;接着又重新朝正常的方向前行。行星在天穹上自西向东运动称为"顺行",自东往西运动称为"逆行"。由顺行到逆行,以及由逆行到顺行之间"停住"的瞬间则称为"留"。

古希腊人坚信匀速圆周运动是最完美的运动形式。为了解释行星运动时快时慢的原因,他们的第一种几何学设计是:行星确实在作匀速圆周运动,但地球却偏在一边,并不正好在圆心上。行星在这样的偏心圆上运行,它与地球的距离就在不断改变;从地球上看去,它的视运动速度也在不断变化。这种思想可溯源于公元前2世纪的依巴谷,当时他已提出:太阳在一个圆轨道上环绕地球作匀速运动,地球则位于偏离圆心1/24半径处。

为了解释行星的逆行,古希腊天文学家的第二种几何学设计是:行星各沿自己的"本轮"匀速转动,圆形的本轮就是转动的轨道;同时,本轮的中心又沿着更大的圆形轨道环绕圆心处的地球匀速转动,这种更大的圆称为"均轮"。这种"本轮—均轮说",起初是古希腊数学家和天文学家

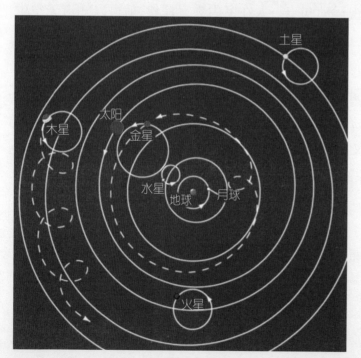

地心说解释行星运动基本特征的本轮—均轮体系示意图

水星、金星、火星、木星和土星5颗行星在各自的本轮上运行,本轮中心又在均轮上转动。为了避免画面过于复杂,图中仅用虚线画出金星和木星这两颗行星的实际运行轨迹。®

阿波罗尼乌斯在约公元前3世纪末提出的。如果相对于本轮中心在均轮上的运动来说，行星在本轮上运动得足够快的话，那么它就会发生逆行。

古代希腊天文学的集大成者是托勒玫。他生于约公元100年，卒于约170年。有人从托勒玫的名字猜想，他或许是公元前305年到公元前30年统治埃及的托勒密王朝的王族后裔。但实际上，他可能是因出生地上埃及的托勒迈城而得名的。托勒玫留下的观测记录表明，他的天文观测都在亚历山大城进行。没有证据表明他曾经在其他地方生活。

古希腊天文学之集大成者托勒玫Ⓦ

托勒玫综合自阿波罗尼乌斯以来用本轮—均轮体系或者用偏心圆解释天体运动的学说，再加上他本人的独创，提出一个完整的地心宇宙体系，即托勒玫地心说。他在亚历山大城完成的《天文学大成》一书中，详尽地阐述了这一地心体系：地球是宇宙的中心，日月星辰均绕地球转动；五颗行星各沿自己的本轮匀速转动，本轮的中心又在均轮上环绕地球匀速转动；但均轮是一些偏心圆，地球并不在均轮的圆心上；日、月、行星在轨道上运动的同时，还与所有的恒星一起，每天绕地球转动一周。托勒玫精巧地选取各个行星的均轮半径与本轮半径之比、行星在本轮上以及本轮中心在均轮上运动的速度，以及本轮平面与均轮平面相交的角度，使推算的行星动态尽量与实际的天象相符。

托勒玫体系明确肯定大地为球形，试图对天体运动的观测资料进行理论概括，并能预告太阳、月亮、行星等的位置，在历史上起过相当的进步作用。对古代的肉眼观测来说，按照托勒玫体系预测行星运动的精确度令人满意。直到14个世纪之后，天文观测精度有了较大进步，这一体系才显得难以为继了。托勒玫的《天文学大成》是古希腊天文学的"百科全书"，也是中世纪欧洲和阿拉伯天文学家的经典读物。正是通过这部著作，人们才知道了依巴谷和其他早期希腊天文学家的大量工作。

托勒玫之后，古希腊天文学后继乏人，大批经典著作渐渐被束诸高阁，甚至

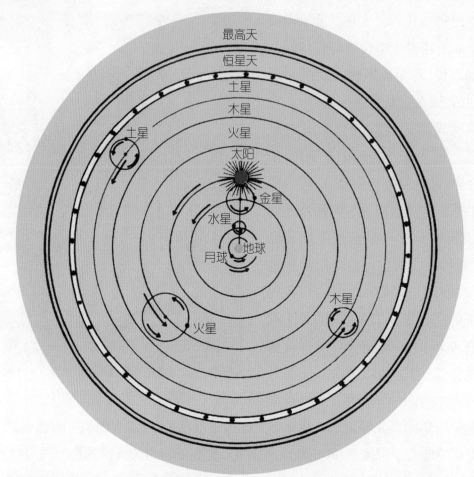

托勒玫的地心宇宙体系示意图①

佚失。公元750年,穆斯林阿拔斯王朝建立,对文化科学事业颇为重视。其第三代统治者哈伦·拉希德下令翻译古希腊典籍,他的儿子马蒙继位后更是加紧推进。9世纪下半叶,《天文学大成》从希腊文译成阿拉伯文。12世纪上半叶,阿拉伯人伊什比利使用阿拉伯文修订《天文学大成》,取名《增订天文学大成》。1175年,意大利翻译家杰拉尔德又将《增订天文学大成》译成拉丁文。在托勒玫和哥白尼之间的漫长岁月中,阿拉伯天文学家起了承前启后的重要作用。《天文学大成》曾于元朝传入中国,但直至明朝末年才由徐光启对它作了简介。

托勒玫写了许多书。他在《光学》中阐述光的折射理论,具有相当高的科学价值。他以古罗马时代对欧洲、亚洲和非洲的了解为基础,写了8卷《地理学》,其中还有精心标记经纬度的地图。但在关于地球大小的问题上,托勒玫犯了个大错误:他没有采纳埃拉托色尼的结果,而是接受了波西冬尼斯估测的地球周长——约29 000千米。这个数值太小了,以至于使哥伦布相信,从欧洲向西航行,越过大西洋就可以到达亚洲。

约公元270年
陈卓整合中国古代星官体系

中国古代对恒星的命名,可上溯到殷商时代。到战国时期,已出现专门的天文著作。如公元前4世纪中叶,魏国天文学家石申(一名石申夫)所著《天文》八卷。

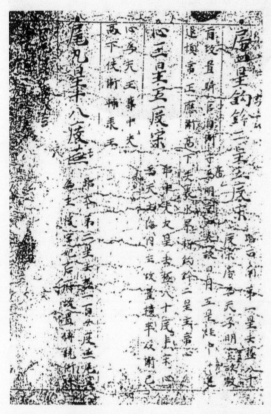

《石氏星经簿赞》(日本若杉家藏中国天文古籍)

为了便于辨认和描述,中国古人将群星划分成组,每一组称为一个"星官",其含义与"星座"相仿,各星官中所包含的星数参差不一。石申在书中详细记载了当时的星官体系。西汉后期,这部书被尊称为《石氏星经》。后来,《石氏星经》失传,只是在《史记·天官书》、《汉书·天文志》等汉代史籍中引用了它的零星片段。汉、魏以后,石氏学派的著述也常冠以"石氏"字样,如《石氏星经簿赞》等,但大多也已失传。

唐代的《开元占经》一书中,辑录了《石氏星经》的大量内容。其中,最重要的是标有"石氏曰"的121颗恒星的坐标位置(如今留存的《开元占经》版本中,却只剩下了6个星官的记载)。经过后人详细论证,查明其中有一部分坐标值可能是汉代的测量数据,另一部分则确实同公元前4世纪石氏所处的时代相符。《石氏星经》是世界公认最早的星表之一,其中所载的数据是中国古代许多天体测量工作的基础。它的星数虽然不如古希腊的依巴谷星表那么多,但时间却早了2个世纪。为了纪念石申,国际天文学联合会于1970年将月球背面的一座环形山命名为"石申环形山"。

再说在中国古代,起先不同的学派对星官的划分往往互有差异,这就对记

录和研究造成相当的不便。到了三国时代，在公元270年前后，吴国的太史令陈卓综合了先秦以来甘德、石申和巫咸三个学派所观测的恒星，总结成一个规范化的星官体系，列成一份标准的星表。此表共含283个星官、1464颗恒星，并绘制成星图。这份星图虽然早已失传，但仍可从唐中宗时期约于公元705—710年间绘制的敦煌星图上知其概貌。

月球背面图　"石申环形山"位于图中上方。Ⓑ

敦煌星图是世界现存古星图中星数较多、又较为古老的一种，图上绘出约1350颗星，用圆圈、黑点、圆圈涂黄三种方式区别不同来源。由两颗以上恒星组成的星官，每颗星都有编号。例如，星官"天津"共包括9颗恒星，"天津四"（即天鹅座α）就是其中的第4颗星。敦煌星图共含13幅分图，其画法是按照每月太阳的位置，大致沿黄道和赤道带分12段画出紫微垣以南的恒星，最后再将紫微垣画在以北极为中心的圆形平面投影上。绘制敦煌星图采用的投影方法，同欧洲人直到1596年才发明的麦卡托投影法非常相似。陈卓的星官体系对后世影响巨大，沿用了1000多年，直到明末以后才有较显著的发展和变化。

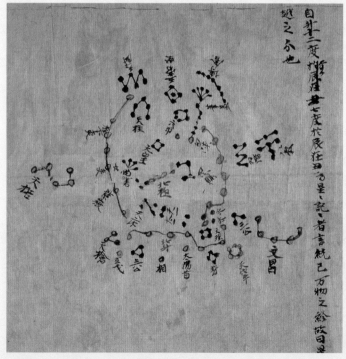

公元8世纪初的绢制敦煌星图现藏英国伦敦博物馆。发现于敦煌经卷中，20世纪初流失到英国，共含13幅分图，这是最后一幅（北天极附近的紫微垣），注意下部的北斗七星。Ⓦ

公元724年
一行等首次实测地球子午线长度

地球上，通过南北两极的大圆都称为子午线，也叫经度圈。从地球的赤道算起，沿着子午线向南北各走90°，就到了南北极。只要测量出子午线每1°相当于多少千米，也就可以得到整个地球的周长了。世界上的第一次子午线实测工作，是在中国唐代进行的。

西安市大雁塔北广场的一行石像 Ⓟ

唐代有不少学识渊博的高僧，其中不仅有西天取经的玄奘，有东渡日本的鉴真，还有著名的天文学家一行。一行原名张遂，是魏州昌乐（今河南省濮阳市南乐县）人，生于公元683年。他的曾祖父张公瑾是唐太宗李世民的功臣，但在武则天执政时代，张氏家族已因政治缘故而衰落。张遂从小聪颖敏慧，记忆力惊人，勤奋读书，对于天文历法尤其感兴趣，青年时代已成为长安城中的知名学者。约公元705年，武则天的侄子武三思钦慕张遂的学问和品行，欲与一行结交。但一行不屑于同这个专横跋扈的当朝权贵为伍，只好弃家出逃，削发为僧，出家于嵩山寺，法名一行。一行翻译过多种印度佛经，后来成为佛教中的一派——"密宗"的一位领袖。日本京都府教王护国寺至今还珍藏着唐人李真绘画的一行像原作，被日本政府定为"国宝"。

武则天退位后，唐王朝曾多次召一行进京，都被他拒绝了。公元717年，唐玄宗李隆基特命一行的叔父张洽到当阳山请一行出山。这具有强迫命令的性质，一行又有碍于叔侄之情，才于35岁时回到长安。一行的一生，对天文学作出了许多重要贡献，成就遍及历法、天文仪器、大地测量等许多方面。

公元724年，一行发起并领导一次大规模的天文大地测量，共有13个测点，北起铁勒（今贝加尔湖附近），南达林邑国（今越南中部）。测量项目包括当地北天极的地平高度（相当于当地的地理纬度）、冬至、夏至、春分、秋分时的日晷影长，以及冬至和夏至的昼夜时间长度。其中，在河南平原地区大致处于同一经度上的滑县、开封、扶沟和上蔡4个测点的一组观测最为重要。当时唐代政府执掌天文的职官称为太史丞，在河南的那组观测就由太史丞南宫说负责，并且实测了上述4个测点间的距离。

全部测量结果由一行统一汇总，分析计算。他最后得出，南北两地相距351里80步，北极高度就差一度（唐代将圆周等分为 $365\frac{1}{4}$ 度，而不是360°，故其

1955年发行的纪念邮票"纪33（4—3）中国古代科学家（第一组）"之僧一行Ⓨ

"一度"有别于今之1°）。因为唐代的1里为300步，1步相当于今天的1.514米，所以一行的结果用今天的话来说就是：子午线1°的实际弧长为131.11千米。

这个结果并不十分精确，约比现代准确数值大20%，但它却是世界历史上

首次实测子午线的长度。在没有现代化精密仪器的时代，完成如此复杂的测量和计算，实在是难能可贵的。727年，一行与世长辞，年仅44岁。其他国家首次实测子午线是在814年，由回教王阿尔马蒙领导在美索不达米亚平原进行。那已经是在一行去世86年之后了。

如今全球经度从通过英国格林尼治天文台旧址的本初子午线起算　图中天文台外墙上的铭牌大字为"格林尼治子午线"，下方小字分别为"东经"和"西经"。本书作者1989年4月26日在此留影，左脚踩西半球，右脚踩东半球。Ⓑ

公元10世纪中期
苏菲著《恒星图象》

从古希腊天文学衰落,直到近代欧洲天文学崛起,在将近千年的时间里,阿拉伯天文学家在天文学领域起着承前启后的重要作用。

阿拉伯天文学也叫伊斯兰天文学,通常指公元7世纪伊斯兰教兴起到15世纪前后各伊斯兰文化地区的天文学。在此期间,阿拉伯天文学形成了3个学派,即巴格达学派、开罗学派,以及西阿拉伯学派。

巴格达学派的重要天文学家苏菲于公元903年诞生在波斯的拉依。他曾在波斯和巴格达工作,以对恒星的观测和描述著称,成果主要收集在《恒星图象》一书中。

《恒星图象》中列出古已定名的48个星座

古代阿拉伯天文学家⑤

中各星的位置(黄经与黄纬)和星等,将阿拉伯星名同托勒玫星表中的星名加以对照,并从天文学的角度对阿拉伯诗歌和哲学著作中出现的几百个古老星名作出鉴定。书中记载的许多星名,后来成了国际通用名,如天鹰座α(中国古名牛郎星)称为 Altair,天鹅座α(中国古名天津四)称为 Dereb,金牛座α(中国古名毕宿五)称为 Aldebaran 等。《恒星图象》载有精美的星图,星等根据苏菲本人的实际观测描绘,是关于恒星亮度的早期珍贵资料。

苏菲《恒星图象》中的仙女座 图中希腊神话人物形象已在很大程度上"阿拉伯化"了。Ⓦ

1054 年

中国记录天关客星

中国古代把天空中新出现的星统称为"客星"，仿佛天空中来了一位不速之客，主要指彗星、新星、超新星等天象。北宋至和元年（1054年）出现在天关星（即金牛座ζ）附近的客星，是历史上最著名的超新星。

中国古籍《宋史·天文志》、《宋会要辑稿》等记载，宋仁宗至和元年五月己丑（1054年7月4日），在天关星附近出现一颗客星，如金星那样白昼都可以看见，光芒四射，颜色赤白，持续了23天。直到643天后的1056年4月6日，它才隐没不见。这是一次超新星爆发事件。朝鲜和日本的古籍也留下了这颗客星的记录。当时欧洲正处于中世纪的黑暗时期，关于1054年超新星竟只字未留。

超新星是大质量恒星演化到晚期发生的整个星体剧烈爆发的现象，爆发抛出的大量物质迅速向四面八方膨胀，扩散成星云状的超新星遗迹。在18世纪的法国天文学家梅西叶编制的星云星团表中列为第1号的天体M1——后来称为"蟹状星云"，正好处于1054年天关客星的位置上。1921年，美国天文学家邓肯通过光谱观测，发现蟹状星云在膨胀。1928年，美国天文学家哈勃测出蟹状星云的膨胀速度，并据此推断它正是1054年超新星爆发的遗迹。1942年，荷兰天文学家奥尔特等进一步证实了这一论断。天关客星

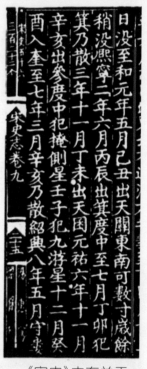

《宋史》中有关天关客星的记载①

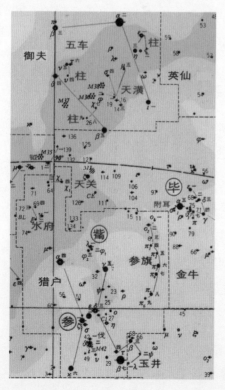

天关星和蟹状星云M1的位置⑧

同蟹状星云的联系，强烈地激发了国际天文界广泛研究中国古代天象记录的兴趣。

历史上还有另一些声名显赫的超新星爆发记录。例如，1572年11月11日黄昏，丹麦天文学家第谷发现在仙后座中有一颗前所未见的亮星。他详细地观测、记录它的亮度和颜色变化，一直持续到1574年2月。1574年2月这颗星的亮度降到6等，到3月就看不见了。第谷还断定，这颗星比所有的行星都远。1573年，第谷在《论新星》一书中介绍了自己的观测研究成果。起初，人们将这颗星称为第谷新星，但现在已经断定它是一颗超新星，所以又称其为第谷超新星。

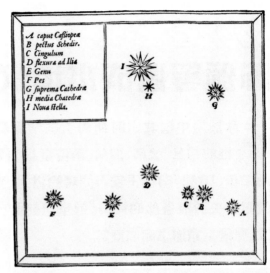

第谷画的1572年新星与几颗邻近恒星的相对位置草图 图中以字母I标记该新星。本图使用的星名体系，几十年后即为更先进的拜尔命名法所取代。Ⓦ

第谷超新星在中国也有记录，如《明实录》记载，明穆宗隆庆六年十月初三日丙辰（1572年11月8日），东北方出现客星，如弹丸，到十月十九日壬申夜此星呈赤黄色，大如盏，光芒四出。上述发现日期比第谷还早了3天。朝鲜《李朝实录》也有关于这颗星的简短记载。此外，欧洲也有人比第谷早几天发现这颗星的，只是记述远不如第谷详尽。

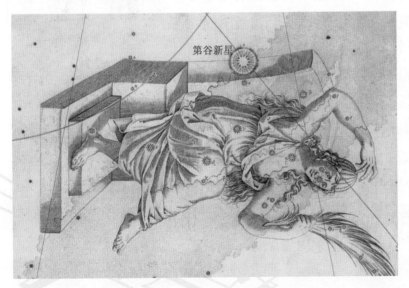

第谷新星在仙后座中的位置 本图是1603年问世的48幅一套的拜尔星图之仙后座图。极亮的那颗星代表第谷新星，注意此图出版时该星实际上早已不复可见。Ⓟ

1092年

苏颂等建成水运仪象台

苏颂是中国北宋时期的天文学家和药学家,生于宋真宗天禧四年(1020年)。他的祖父、父亲、伯父、两位堂叔伯先后都登了进士。苏颂本人是宋仁宗庆历二年(1042年)与王安石同榜的进士,当时他才23岁。他起先做地方官,后来做过中央政府各部的官员,曾掌管财政,主持法院,代皇帝起草文件,为皇帝讲课,整理皇家图书和档案等。

宋哲宗元祐七年(1092年),年逾七旬的苏颂官拜右宰相,达到了一生政治生涯的顶峰。9年后,他在润州(今江苏镇江)逝世。

苏颂一生有两项非常重要的科技活动。第一项是他曾校勘整理皇家藏书长达9年之久,在此期间奉命修撰了《嘉佑补注神农本草》;还整理了全国各地呈上的大量药物图和相关说明,撰成《图经本草》一书。这些成就是对中药学的巨大贡献。

第二项是元祐元年(1086年)他奉命检验皇家的新旧浑仪,趁汇报鉴定结果之便提出了自己的新建议。他指出,自东汉张衡以来直至当朝已多次建造水运浑天仪。但这类演示用的仪器必须与观测用的浑仪相配合,才能充分发挥天文仪器之妙。为此,苏颂

北宋天文学家苏颂画像 ⓦ

提议建造一件将铜浑仪与水运浑天仪合在一起的仪器,即"水运仪象台"。翌年,朝廷批准此事,并命苏颂专门组建一个"水运浑仪所",负责制造仪器。

苏颂早先曾了解到有一位名叫韩公廉的吏员,擅长天文学与计算。于是,他就让韩公廉担任了大致相当于总工程师的职务。他们设计的水运仪象台,是一座集浑仪、浑象和报时装置于一体的大型综合性天文仪器,最终于元祐七年(1092年)建成。水运仪象台高约12米、宽约7米,是上狭下广的正方台形木结构建筑,外观宏伟而精美。

水运仪象台分三层:上层是个板屋,置铜制浑仪,用来测量天体的位置。板

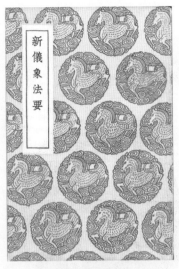

1937年商务印书馆出版的
《新仪象法要》书影Ⓑ

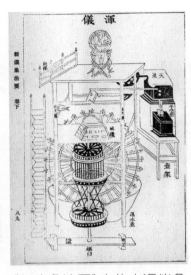

《新仪象法要》中的水运仪
象台机构图示之一Ⓑ

屋顶部由9块活动面板组成,可随意摘除,是近代望远镜观测室活动屋顶的先驱。中层为一密室,内置浑象。下层包括一套计时报时系统和全台的动力机构。整个仪器以漏壶的流水为动力,通过巧妙的齿轮传动和一组类似近代钟表擒纵器的机构的

控制,使浑仪、浑象、计时报时系统全都与天体的周日运动同步运转。浑仪自动跟踪天体的装置堪称后世转仪钟的雏形;浑象可自动地演示星辰的位置;计时报时系统通过敲钟、打鼓、击钲或轮番出现木人等形式,自动地显示时、刻、更、筹的推移,它是世上最早的天文钟。

水运仪象台是中国古代的杰出创造。它建成后,苏颂又撰写了图文并茂的《新仪象法要》一书。书中既给出水运仪象台的整体结构图像,又条理分明地绘制出各个部件,并附文说明它们的尺寸及彼此间的关系。这是一部高水准的天文仪器机械图集,并为后世复原水运仪象台提供了极重要的依据。

2012年8月在北京举办的第28届国际天文学联合会大会展示的水运仪象台复原模型Ⓑ

1259年
伊尔汗国建造马拉盖天文台

中国古代史籍中,有"黑衣大食"这样一个名称,指的是阿拉伯帝国的阿拔斯王朝(750—1258)。阿拔斯王朝定都巴格达,8世纪中叶至9世纪是它的鼎盛期,科学文化繁荣。古希腊天文学家托勒玫的巨著《天文学大成》正是在此期间译成阿拉伯文的。1258年,成吉思汗之孙旭烈兀率蒙古军灭掉阿拔斯王朝,在西亚一带建立伊尔汗国。翌年,旭烈兀下令,在地处今伊朗西北部大不里士城南的马拉盖为波斯天文学家图西建一座天文台。

成吉思汗之孙旭烈兀Ⓦ

马拉盖天文台内装有半径超过4米的大型墙象限仪、直径约3米的浑仪,以及较小一些的仪器,还有一个宽敞的图书馆。此台建成后,天文学家们在图西领导下进行了12年的辛勤观测和计算,终于在1271年完成一部《伊尔汗历数书》,中国元代按音译称它为《积尺》,西方学者则称其为"天文表"。书中根据观测定出的岁差常数已相当准确,为每年51″。此书在17世纪被译成拉丁文,取名《附有行星假说的波斯天文学》。

1274年,图西离开马拉盖前往巴格达。马拉盖天文台的创造性时期随之告终,但天文观测一直延续到了14世纪。马拉盖天文台是历史上最著名的两座伊斯兰天文台之一,另一座是1424年建造的撒马尔罕天文台。

中世纪手稿中描绘的阿拉伯天文学家工作情形Ⓦ

13 世纪后期
郭守敬取得巨大天文成就

公元1260年，成吉思汗的孙子忽必烈登上大汗宝座，于1271年定国号为"元"。元帝国的疆域超过了历史上的汉唐盛世。当时世界上名列前茅的大科学家郭守敬，就生活在那个时代。

元世祖忽必烈Ⓦ

1231年，郭守敬出生在邢州邢台县(今河北省邢台市)。他的祖父郭荣通晓中国古代文史典籍，擅长数学、天文、水利等多种学问。郭守敬深受祖父影响，用心读书，热中于观察各种自然现象，很早就显示出科学才能。他十五六岁就独自制成工艺已失传的计时仪器"莲花漏"，20岁率众修复家乡的石桥、填补堤堰的决口，31岁首次晋见忽必烈就提出6条水利工程建议，此后又领导完成修浚西夏古河渠等多项重要任务。在大地测量方面，他在世界上首创了相当于今天所说的"海拔"概念。

1276年，元世祖忽必烈将数学家王恂和郭守敬调到新成立的太史局，同时着手4项工作，即建造新天文台、制造天文仪器、进行天文观测和开展理论研究。1279年，忽必烈下令建造太史院——相当于国家天文台，由郭守敬、王恂等负责。太史院规模庞大、仪器精良，在当时属于世界先进。到1280年，上述任务都已基本完成。

郭守敬全力投身天文事业时已45岁。他陆续创制了简仪、仰仪、高表、景符等十余件新天文仪器，件件构思巧妙，制作精良。其中最重要的是简仪，它革新简化了唐宋两代结构复杂的浑仪。早先的浑仪有许多环圈，容易相互遮蔽，运转也不够灵便。简仪保留了最基本的环圈，将其分开安装成两组，并以

邢台市竖立的郭守敬铜像Ⓑ

明英宗正统二年(1437年)仿制的简仪　郭守敬原制件现已无存,此仿制品陈列在南京市中国科学院紫金山天文台,其巧妙的科学构思和高超的制造工艺令参观者赞不绝口。⑧

窥衡替代传统的窥管。窥衡是两端各有一根细线的铜条,观测时使两根细线与天体处于一个平面内,这就提高了仪器的照准精度。郭守敬原来的仪器已不复存在,明朝曾在公元1437年仿制过几件。如今,那架仿制的简仪依然陈列在地处南京的中国科学院紫金山天文台上,其巧妙的科学构思和精湛的制造工艺令无数参观者赞不绝口。郭守敬制造的水力机械钟传动装置相当先进,也走在14世纪诞生的欧洲机械时钟的前头。

　　郭守敬在阳城(今河南省登封市告成镇)建造的城墙式观星台,是中国现存可靠的最早天文台建筑,也是重要的世界天文古迹之一。郭守敬主持的"四海测验",是中世纪世界上规模空前的一次大范围地理纬度测量。他编制的星表所含的实测星数突破了历史纪录,而且在3个世纪后仍无人超越。他测定的黄赤交角数值非常准确,直到500年后还被法国科学家拉普拉斯用来证明黄赤交角随时间而变化。

　　以前述工作为基础,郭守敬和王恂等人于1280年制定了《授时历》。它是中国古代使用时间最长的历法,沿用达364年之久,在当时的世界上也一直领先。《授时历》回归年的平均长度定为365.242 5天,仅比实际年长多了0.000 3天。欧洲人直到1582年罗马教皇格雷果里十三世改革历法,才采用和《授时历》相同的年长,这比郭守敬晚了302年。《授时历》的冬至时刻值、每日昼夜时间长度表、月亮运动不均匀改正表等都达到了中国古代的最高水平。在编历过程中,王恂、郭守敬使用了"三次差内插法",约400年后欧洲才出现类似的数学方法。

1291年,60岁的郭守敬奉命再度领导水利工作。两年后,从大都(今北京)到通州(今北京通州区)的运河——通惠河,在他主持下竣工通航。他主持兴修的水利工程,对农业、交通和大都的繁荣都作出了历史性的贡献。

1316年,郭守敬与世长辞。700年来,人们对他的赞誉众口一词。1962年中国发行的"中国古代科学家"纪念邮票中,就有一枚是郭守敬的半身像,另有一枚画面是简仪。国际天文学联合会于1970年将月球背面的一座环形山命名为"郭守敬",1978年又将第2012号小行星命名为"郭守敬"。1986年,邢台市的"郭守敬纪念馆"正式对外开放。周培源教授曾为该馆题词:"观象先驱,世代敬仰。"卢嘉锡教授也题词赞扬郭守敬:

"治水业绩江河长在,观天成就日月同辉。"

纪念馆的郭守敬铜像全高4.1米,重3.5吨,郭公昂首阔视,真是气度非凡啊!

河南登封观星台是重要的世界天文古迹⑧

1420年
乌鲁伯格建造撒马尔罕天文台

14世纪至15世纪的帖木儿帝国，是信奉伊斯兰教的帖木儿创建的，领土横跨中亚、西亚和南亚，定都撒马尔罕（今属乌兹别克斯坦）。帖木儿是突厥化的蒙古贵族，以野蛮的征服留名史册。1405年率兵欲入侵中国，在进军途中病死。

邮票上的乌鲁伯格⑦

帖木儿的孙子乌鲁伯格原名穆罕默德·塔拉盖，1394年生于中亚的苏丹尼亚，在宫廷中长大。"乌鲁伯格"的原意是"伟大的王子"，后来成了人们对他的通称。1409年，乌鲁伯格成为撒马尔罕及其周围地区的统治者，他使那里成了伊斯兰文化的重镇。乌鲁伯格厌武备，重文治，本人就是一位渊博的学者。他熟谙《古兰经》，精通法学与逻辑，写作诗篇和历史，能在马背上默算复杂的数学题，但最大的兴趣还是天文学。1420年，他建造了当时世上最优秀的撒马尔罕天文台，装备有世上最大的古六分仪，其半径达40米，可以精确测定黄赤交角、春分点位置、回归年长度等天文学基本数据；另外还有浑仪、三角仪、星盘、象限仪等。乌鲁伯格用这些仪器观测推算，求得黄赤交角为 $23°30'17''$，黄经岁差值为 $51.4''$，这些数据都相当精确。

撒马尔罕天文台遗址①

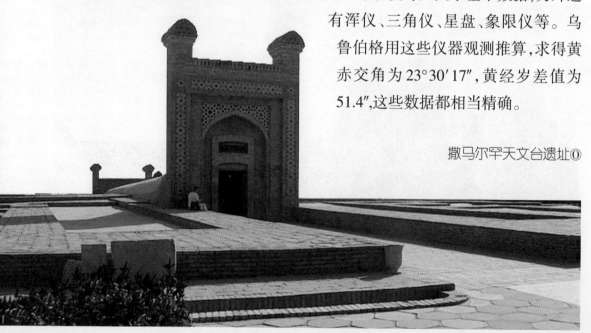

撒马尔罕天文台的最大成就,是在乌鲁伯格主持下,于1447年编成《新古拉干历数书》。古拉干是成吉思汗女婿的称号,乌鲁伯格也曾使用过。此书又称《乌鲁伯格天文表》,书中列有历法计算用表、行星计算用表、三角函数表和一部含1018颗恒星的星表。这是在古希腊托勒玫时代之后,千余年间西亚和欧洲的第一部基于实测编制的同类星表,也是当时最精确的恒星星表。但是,乌鲁伯格的著作是用阿拉伯文出版的,后来才译成波斯文,因此在伊斯兰世界以外鲜为人知。直到1665年,他的星表才译成拉丁文。但到了那时,第谷的星表已经超过了他。此时天文望远镜也早已问世,这位伟大王子的星表已经过时了。

撒马尔罕天文台的巨型古六分仪　在乌鲁伯格的时代,这些墙面铺满了光滑的大理石。①

1447年,乌鲁伯格成为突厥斯坦的皇帝,1449年被他的儿子杀害。相传这场弑父悲剧的缘由是:乌鲁伯格像当时的许多天文学家和统治者一样,笃信占星。当他占得自己注定要死于亲生儿子之手时,为保平安便将儿子流放他乡。但正是这一举动,深深激怒了他的儿子,终于招致杀身之祸。1941年,人们找到了乌鲁伯格的陵墓,发掘表明他确实系非正常死亡。按照伊斯兰教的习俗,正常死亡者要包裹尸衣后再下葬;而乌鲁伯格却是按殉难者的葬俗,衣冠被整齐地葬在一只石棺里。他的第三颈椎明显地被利器砍断,右颌骨也被砍伤。

乌鲁伯格后继乏人,他死后撒马尔罕天文台的工作随之告终。15世纪初那座辉煌一时的天文台已经成为废墟,直到1908年人们才重新发现它的遗址。

1543年
哥白尼《天体运行论》出版

　　古希腊天文学家托勒玫的"地心宇宙体系"，在中世纪被基督教会改造，用来作为其教义的支柱。随着天文观测技术的进步，不断暴露出据此推算的行星动态与观测结果多有不符，无法长期准确预告行星的位置。彻底扭转这种局面的，是16世纪的波兰天文学家尼古拉·哥白尼。

　　1473年2月19日，哥白尼诞生在波兰维斯拉河畔的托伦城。他的父亲是富商，母亲是大商人的女儿。哥白尼10岁时父亲去世，由舅父瓦琴罗德抚养，享有良好的教育。瓦琴罗德从1489年起出任瓦尔米亚主教，他希望哥白尼也成为神职人员。哥白尼本人的志趣是自然科学，他在克拉科夫大学求学到约1495年，学过天文学、数学和地理学。1496年秋，哥白尼前往意大利，先后在博洛尼亚大学攻读教会法规，在帕多瓦大学攻读医学，但均未取得学位。1503年5月，哥白尼获得费拉拉大学的教会法规博士学位。不久他回到波兰，此后除了在波兰和普鲁士境内短期旅行外，再未离开过瓦尔米亚。

　　德国天文学家雷纪奥蒙坦的著作，使哥白尼对天文学发生了浓厚的兴趣。雷纪奥蒙坦是托勒玫地心宇宙体系的忠实信徒，哥白尼却对地心体系的症结穷究不舍，终于意识到问题的根源正在于认为地球是固定不动的宇宙中心。他为此花费30多年的心血，进行大量的观测和计算，建立了全新的"日心宇宙体系"，并写成一部阐述其学说的巨著。此书由出版者定名为《关于天球旋转的六卷集》，后人简称《天体运行论》。

　　哥白尼日心学说的核心内容是：太阳静止于宇宙中心，所有的行星——包括地球在内都绕着太阳转动。离太阳最近的是水星，其次是金星、地球、火星、木星和土星。只有月亮绕着地球转动。与此同时，地球还每天自转一周。《天体运行论》详细解释了天体运动的种种情况，

波兰克拉科夫市的哥白尼纪念像①

提出预告天体未来位置和运动状况的方法，并阐明恒星要比月亮、太阳和行星遥远得多，所有的恒星都静止在距离太阳非常遥远的一个天球表面上。

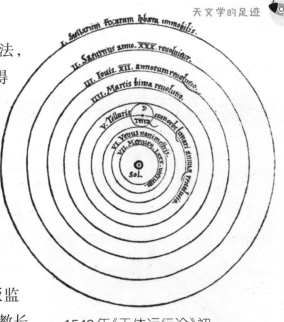

1540 年以前，《天体运行论》已基本写就。哥白尼担心关于地球运动的论述会被教会视为异端，所以不愿公开，以免招惹麻烦。最后在数学家雷蒂库斯的强烈要求下，他才同意出版全书。雷蒂库斯自愿承担《天体运行论》的出版监督。后来他因故离开，出版监督由路德派教长奥西安德继任。由于马丁·路德曾表示坚决反

1543 年《天体运行论》初版中的日心体系图ⓦ

对哥白尼的理论，奥西安德为稳妥起见便擅自加了一篇未署名的序言，大意是说哥白尼的理论主要是为简化计算而采用的一种手段。这就大大削弱了此书的意义。直到 1609 年，德国天文学家开普勒才发现并公开了事情的真相。

哥白尼终身未婚。1542 年秋，他因中风陷入沉疴。据说当一本刚印好的

《天体运行论》送达病榻前时，他已处于弥留之际。1543 年 5 月 24 日，哥白尼在弗龙堡与世长辞。他的日心说从根本上动摇了"上帝将地球安排在宇宙中心"的说教，自然科学从此开始从神学中解放出来，天文学也首先跨入了近代科学的大门。16 世纪末，《天体运行论》的影响开始引起教会的恐慌。1616 年，罗马教廷将《天体运行论》列为禁书。

1839 年，在华沙举行了哥白尼雕像的揭幕典礼，却没有天主教神父愿意主持仪式。然而，天文学的新进展在不断证实哥白尼日心说的正确性。1835 年，教会终于对《天体运行论》解禁。它被译成德、英、法、俄、波兰、西班牙、印地等许多文字流传世界各地，1992 年中国首次出版《天体运行论》的中文全译本。

波兰弗龙堡大教堂中的哥白尼墓ⓞ

1576 年
第谷在汶岛始建"天堡"

丹麦天文学家第谷·布拉赫1546年出生于一个瑞典血统的贵族之家,是望远镜发明以前最优秀的天文观测家。他13岁就进入哥本哈根大学学习法律和哲学。16岁时观看了一次日食,从此开始转向研究天文学和数学。1572年,第谷观测到一颗超新星,并著《论新星》一书予以论述。1577年天空中出现一颗大彗星,第谷证明了它比月亮离地球更远。

第谷天堡地形图　天文台在中央,四周是景观花园,外面是高墙。Ⓦ

1576年5月,丹麦国王腓特烈二世将位于丹麦海峡中的汶岛赐予第谷,并拨款供他在岛上建造天文台和观测设备。同年,第谷在汶岛兴建"天堡",这天堡是欧洲第一座规模宏大的天文台,于1580年竣工。1584年,第谷又在天堡之南建造规模稍小的"星堡"。他亲自设计了大批天文仪器,如赤道浑仪、大浑仪、大型墙象限仪、天球仪等,并由专职工匠制成。

第谷的"大型墙象限仪"安置在一道南北方向的墙上,黄铜制造的四分之一圆周半径约1.8米,刻度精细到10″。如此处大型墙象限仪图所示,左上角圆心所在处的小窗口有一个固定的准星,圆周上有两个可滑动的照准器。图中最右边的观测者就是第谷本人,他调整好照准器,从度盘上读出角度。钟前的助手正准备报时,桌旁的助手则准备将角度和时间记录下来。装饰画中绘有第谷本人和他的爱犬,背景的底层是实验室,中层是图书馆,上层是助手们正在进行观测。

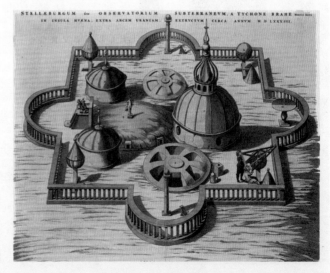

第谷1584年建造的"星堡"Ⓦ

第谷在汶岛坚持天文观测长达21年之久,他以空前的精度观测行星——特别是火星——的运动,积累了极其宝贵的观测资料。

第谷乖僻的性情,使他遇到了许多麻烦事。他念念不忘自己是个贵族,甚至进行天文观测时也穿着朝服。他酷爱与人争吵。19岁那年,他曾为争论数学上的某个论点,而在一次决斗中被割掉了鼻子,以致不得不终生装着一个金属假鼻。20世纪发掘出来的第谷尸骨证实了此说不假。

腓特烈二世于1588年逝世。后来,新国王克里斯钦四世同第谷反目,停止了对第谷的资助并强迫他出境。1597年,第谷举家离开汶岛,天堡和星堡从此废弃。1597年,神圣罗马帝国皇帝鲁道夫二世邀请第谷来到布拉格,担任御前天文学家。在1598年出版的《新天文仪器》一书中,第谷描述并图示了曾在天堡和星堡使用的17种主要天文仪器。可惜仅仅20多年后,这些价值连城的仪器就在野蛮的"三十年战争"中彻底焚毁了。

第谷热衷于盛宴豪饮,严重地损害了健康。他在临终之前曾喃喃地呻吟:"唉,别让我白活了一场,别让我白活了一场。"幸好他的助手开普勒继承了他的观测资料——特别是有关火星的数据,继续深入研究,最终发现了著名的行星运动三定律。1601年10月第谷在布拉格病逝,皇帝为他举行了隆重的国葬。

第谷的"大型墙象限仪"Ⓦ

第谷像Ⓦ

1582年
教皇格雷果里十三世颁布格里历

大科学家牛顿究竟是哪一天出生的？有人说他生于1642年12月25日圣诞节那天，也有人说他生于1643年1月4日。两种回答，究竟谁对谁错？结论竟然是：它们都正确！原来，事情的来龙去脉是这样的——

公元前46年颁行的儒略历，采用每4年置闰一次的办法，使1年的平均长度保持为365.25天。这比回归年的实际长度365.2422天多出了0.0078天，因此大约每过128年就要多出1天。从公元325年尼斯宗教大会决定欧洲采用儒略历，

罗马教皇格雷果里十三世Ⓦ

直到1582年，累积误差已经达到10天，春分（即世界各地昼夜长短都相等的那一天）所在的日期已经从尼斯宗教大会规定的3月21日提前到了3月11日。这种不协调的情形，促使罗马天主教廷下了改革历法的决心。

1582年，罗马教皇格雷果里十三世颁布了改历令。新历法就称为"格雷果里历"，简称"格里历"。格里历规定：儒略历1582年10月4日的下一天作为格里历的1582年10月15日，中间销去10天，使春分回到3月21日。同时规定平常的年份能被4整除的即为闰年，但年份以00结尾的世纪年只有能被400整除的才是闰年。所以，1600年、2000年都是闰年，但是1700年、1800年和1900年却不算闰年。由此可见，格里历1年的平均年长为365.2425日，要过3300多年才和实际天象相差1天。

格里历首先在天主教国家施行，后来逐渐推行到新教国家。英国是1752年9月14日才采用格里历的。牛顿出生于儒略历的1642年12月25日，转换为格里历便是1643年1月4日。20世纪初，格里历在世界范围内普遍使用，因此亦称"公历"。

1609—1619 年
开普勒发表行星运动定律

德国天文学家开普勒1571年生于符腾堡州的魏尔德施塔特市,幼时体弱多病,一场天花几乎使他丧命。他视力不好,但善于思索,少年时代最初的兴趣是神学。

1591年,开普勒在蒂宾根大学获得硕士学位。他出众的数学才能很快得到公认,并从数学教授马斯特林那里接受了哥白尼的日心说。1594年,开普勒到奥地利格拉茨的一所学校教数学,并抛弃了做牧师的想法。

开普勒具有强烈的神秘主义气质。他希望从占星术中得到真正的科学结果,这当然不会成功。他在晚年似乎有点为此感到惭愧。开普勒对古希腊毕达哥拉斯学派的"天球音乐"观念深感兴趣,甚至试图定出每个行星在运动中发出的准确音调。他曾力图把古希腊哲学家柏拉图首先确认的5种正多面体嵌入自古以来一直沿用的行星天球中去。例如,一个正八面体外切于水星天球,而其各个顶点则落在金星天球上。1596年,他在《宇宙的神秘》一书中提出这种想法,并因此得到第

德国天文学家开普勒Ⓦ

谷的赏识。然而,这并不符合事实。

1597年,开普勒离开了格拉茨。他应"星学之王"第谷的邀请前往布拉格,后来成了第谷的助手。1601年第谷去世,开普勒继任神圣罗马帝国皇帝鲁道夫二世的御前天文学家。他继承了第谷那些价值连城的观测资料,包括第谷

开普勒的行星运动第二定律示意图Ⓑ

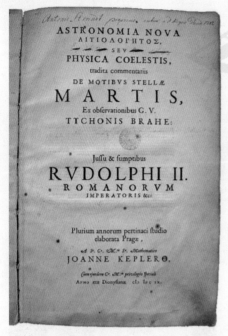

开普勒《新天文学》一书扉页

对火星的几千次观测。1604年9月，开普勒在蛇夫座中发现一颗新星。现在知道，它实际上是一颗银河系内的超新星。

开普勒用多年时间潜心分析第谷遗留的观测资料。起初他按传统观念认为行星都在作匀速圆周运动，但最终发现对于火星来说，无论基于托勒玫的地心体系，还是基于哥白尼的日心体系，都无法推算出同第谷的观测相符的结果，尽管偏差只不过8′。开普勒坚信第谷的观测准确可靠，便猜测问题可能在于火星的运动轨道其实并不是正圆。他假设火星轨道是诸如卵形线之类的其他曲线，经过非常繁复的计算，终于发现仅在火星轨道是椭圆时，理论推算才能与第谷的观测资料相吻合。其他行星的轨道同样也是如此。于是，他在1609年出版的《新天文学》一书中宣布：行星的轨道是一个椭圆，太阳位于它的一个焦点上。这就是开普勒的行星运动第一定律。

《新天文学》中还宣布，行星运行的速度虽然并不均匀，在近日点附近运动最快，在远日点附近速度最慢，但是行星同太阳的连线在相等的时间里总是扫过相等的面积。这就是开普勒的行星运动第二定律。

1612年鲁道夫二世被迫退位，新皇帝保留了开普勒的御前天文学家职位。1619年开普勒发表又一部著作《宇宙之和谐》，其中有大量神秘主义的叙述。可是，就像一团海藻中藏着一颗珍珠那样，这部书中公布了开普勒的行星运动第三定律：任何两颗行星的公转周期平方之比，恰好等于这两颗行星和太阳平均距离的立方之比。1617—1621年，开普勒分3卷7册出版《哥白尼天文学概要》一书，其中再次探讨了行星运动定律。约有半个世纪，此书一直是欧洲最受欢迎的天文学理论著作。

开普勒根据第谷的观测资料和自己的椭圆轨道理论，编制了新的行星运动表——享有盛誉的《鲁道夫星表》，于1627年出版。他还计算了水星和金星凌日的时间，1631年11月7日，法国天文学家伽桑狄据此实现了人类对水星凌日的首次观测。

开普勒的宇宙和谐乐谱　上一行自左到右依次为土星、木星、火星、地球，下一行为金星、水星和月球。开普勒认为天体的运动犹如一些声音的连续演奏，它不能耳闻，却可心领。例如，他认为土星的音调必定比木星的低得多。Ⓟ

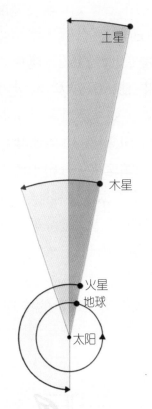

开普勒的行星运动第三定律　行星离太阳越远，绕太阳转一周所需的时间就越长。图中示意当地球绕太阳转完一圈时，火星、木星和土星分别转过的角度。Ⓑ

早在 1611 年，开普勒就出版了《光学》一书，正确地诠释了望远镜的原理，并提出用一块小的凸透镜代替伽利略望远镜的凹透镜作为目镜。后来这被称为开普勒望远镜。开普勒还写过一本主人公梦游月球的小说《梦》，书中对月球表面的描写科学而真实，因此《梦》可以看作第一部有科学依据的科幻小说。1630 年，开普勒为贫困所迫，不得不长途跋涉去向朝廷索讨欠薪，不幸途中突发高烧，在巴伐利亚的雷根斯堡病逝。

行星运动必定遵循开普勒阐明的三条定律，所以后人尊称他为"天空立法者"。不过，开普勒还不明白行星为什么会这样运动。半个多世纪后，英国大科学家牛顿在上述三条定律的基础上研究得出了"万有引力定律"。原来，行星之所以像开普勒所描述的那样运动，乃是因为太阳和行星之间的万有引力在起作用。

1609 年
伽利略制成第一架天文望远镜

光线通过凸透镜就向中间会聚；反之，通过凹透镜则会往外发散。眼镜就是利用这一原理制作的。1300 年前后，在意大利已开始用凸透镜制作用于矫正远视的眼镜，俗称"老花镜"。1450 年前后，用凹透镜制作的近视眼镜也开始使用了。

1655 年版《望远镜的真正发明者》一书所载利帕希肖像Ⓦ

相传 1608 年的某一天，在荷兰眼镜制造商利帕希的店铺里，有个学徒将一凸一凹两块透镜一远一近放在眼前窥视四周聊以自娱。结果，他惊讶地发现，远处的物体仿佛变得又近又大了。利帕希立刻明白了这项发现的重要性，并将两块透镜装入一根金属管中以便固定。这种装置就是望远镜。利帕希将望远镜献给政府用于战争，从而使荷兰海军在与强大的西班牙海军对抗中占据了有利地位。

利帕希的发明出了名，就有其他人宣称自己早已经造出了望远镜。虽说这并不是不可能，但其他人却没有用望远镜做什么有用的事情。因此，后人通常都认可望远镜是利帕希于 1608 年发明的。

1609 年春，45 岁的意大利科学家伽利略听到荷兰有人发明望远镜的传闻，

格里菲斯天文台展出的伽利略望远镜复制品Ⓘ

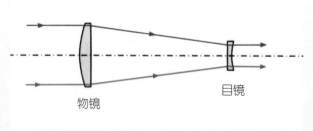

物镜　　目镜

伽利略望远镜的光路图Ⓑ

经过独立思考,很快就制成了自己的第一架望远镜。他在一根直径约4厘米的铅管一端置入一块平凸透镜作为物镜,铅管的另一端置入一块平凹透镜作为目镜,可将远处的物体放大3倍。伽利略很快就明白,为了获得更高的放大倍率,作为物镜的凸透镜曲率应该较小,作为目镜的凹透镜曲率则应较大。据此,他又制成一架放大率为8—9倍的望远镜,其性能已远胜于荷兰人的产品。伽利略不断改善他所使用的透镜,在1610年初又制成一架直径4.4厘米、长1.2米,可放大33倍的望远镜。他是第一个用望远镜进行天文观测的人,他的望远镜就是人类历史上最早的天文望远镜。

《星际使者》扉页Ⓦ

　　1609年,伽利略通过天文望远镜看到月球上有大量的环形山,又看到月面上肉眼可见的一些斑块原来是较为平坦的区域,他把它们称为"海"。从1609年底开始,伽利略用望远镜观测星空,发现了肉眼无法看见的大量暗星。例如,肉眼只能看到昴星团中的六七颗星,伽利略用望远镜却看到了30多颗星。他还发现,即使最亮的恒星,在望远镜中仍然只是一个光点,而不像行星那样显示出视圆面,这表明恒星要比行星远得多。伽利略用望远镜观看银河,发现这条雾蒙蒙的光带被分解成了不计其数的星星。1610年1月,伽利略用望远镜发现木星近旁有4颗小星,它们时而

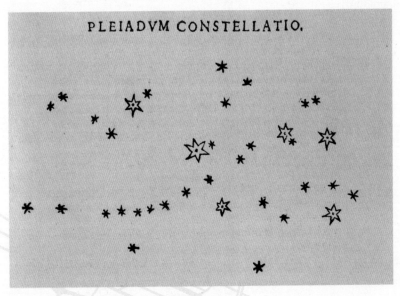

伽利略在《星际使者》一书中画的昴星团Ⓦ

出现在木星左侧，时而又在右侧，有时又被木星所遮掩，但始终近乎处于同一直线上。他由此推断这4颗星都在环绕木星转动，后来它们被统称为"伽利略卫星"，汉语中则依次称为木卫一、木卫二、木卫三和木卫四。

1610年3月，伽利略在《星际使者》一书中宣布了上述这些新发现，在欧洲引起了强烈反响。同年8月起，他又用望远镜持续观测金星达数月之久，发现金星的形状存在着周而复始的圆缺变化——即金星的位相变化，而且其视圆面的直径也随之而变。托勒玫的地心说无法解释这一现象，哥白尼的日心说却很容易对此作出说明，因此这一发现是对哥白尼日心说的有力支持。

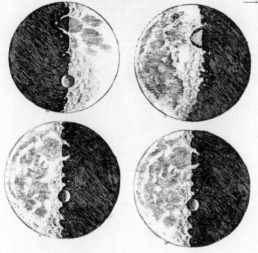

《星际使者》中的月球素描图Ⓦ

1610年末，伽利略用望远镜发现太阳上常有黑子出没，并在日面上自东向西地渐渐移动。他认为这表明太阳正在自转，并据此推算出太阳的自转周期约为25天。伽利略还发现，黑子在日面东边缘时移动缓慢，趋近日面中心时移动速度逐渐加快，然后移向西边缘时又逐渐变慢。而且，在日面东西两边缘时，黑子的形状按透视规律变窄。这些现象表明，太阳正带着黑子在绕自身的轴转动。1613年，伽利略出版《关于太阳黑子的通信》一书，介绍自己的发现和见解。这些发现打破了太阳完美无暇的传统观念，而且巨大的太阳在自转这一事实，也使地球正在自转的想法变得不那么难以令人接受了。

1610年伽利略日复一日用天文望远镜观测自己刚发现的木星卫星时画了许多草图 此处摘选其中的一部分，为便于观看对比，本书作者将代表木星的大圆圈上下排齐了。Ⓑ

1632年
伽利略《关于托勒玫和哥白尼两大世界体系的对话》出版

　　1564年，意大利科学家伽利略在比萨降生。父亲希望他学医，但他本人最终选择了数学和科学。16世纪80年代初，伽利略还是比萨大学一名学医的学生，就注意到教堂里的吊灯在气流影响下的晃动。他数着自己的脉搏进行测量，结果发现了摆的等时性：无论吊灯的摆动幅度是大是小，摆动一次的时间都相等。1586年，伽利略发表小册子论述自己发明的比重秤，开始引起学术界的注意。

吉布提共和国邮票上的伽利略 ⊻

　　当时，人们仍普遍信奉亚里士多德的教条：物体下落的速度与其重量成正比。伽利略指出这种误解源自空气阻力使面积较大的轻物下落变慢。如果物体又重又密，可以忽略空气阻力的影响，那么它们就会以相同的速度下落。他让物体沿斜面滚下，结果证明了物体下滚的速度与自身的重量无关。相传伽利略曾从比萨斜塔上同时丢下重量相差10倍的两个铅球，结果它们同时着地。这个故事的真实性很难获证，但斜面实验已经可以对落体问题作出评判。

　　早在1597年，伽利略就相信哥白尼的日心说了，但出于谨慎暂未公开。1600年公开宣扬哥白尼学说的意大利哲学家布鲁诺被罗马教廷处以火刑，1616年教皇宣布哥白尼学说为异端，都迫使伽利略缄口不言。1632年，伽利略相信当时的教皇乌尔班八世是善意的，便大胆发表了自己历时8年用对话体形式写成的杰作《关于托勒玫和哥白尼两大世界体系的对话》。书中总结了他的科学新发现，如月面结构、金星位相、木星卫星、太阳自转等，并以此论证哥白尼日心体系的正确，批评地心体系之谬误。参加对话的有三个人，提问者名叫沙格列陀，主张日心说的叫萨尔维阿蒂，维护地心说的叫辛普利丘。对话共进行4天，第一天伽利略以新星、太阳黑子的出没等现象，批判"天地不变"、"天地之间有根本区别"的错误观念;第二天运用他在力学领域取得的研究成果论证地球的自转;第三天通过分析行星的运动论证太阳——而不是地球——才是宇宙的中心;第四天讨论潮汐现象。书中明确主张科学必须立足于实验和观察,而不能依仗权威和传统。书中的哥白尼派在论战中获得了辉煌的胜利。于是有人就向教皇进谗言,诬告书中的托勒玫派人物其实是影射教皇本人。

《两大世界体系的对话》写得生动活泼,很受人欢迎。它沉重打击了阻挡科学自由发展的

伽利略向威尼斯总督展示如何使用望远镜观察木星的卫星Ⓦ

教会思想统治,因此宗教裁判所于1633年将伽利略推上宗教法庭,以异端罪判处他终身监禁在家,并将此书列为禁书。伽利略被迫当庭认错,声明放弃自己的观点。相传他作完皈依声明时,曾喃喃地低语:"然而它(地球)仍在转动。"这实际上是反映了人们的情感和愿望。风烛残年的伽利略在软禁中隐居并保持沉默,1642年1月8日逝世于佛罗伦萨附近的阿切特里村。

历史的车轮滚滚向前,真理终究是禁锢不住的。1835年,教会禁书目录中删去了《天体运行论》和《两大世界体系的对话》。1979年,教皇约翰·保罗二世宣称伽利略因天文观点而遭审判有失于公正,并决定重审伽利略一案。1992年,这位教皇最终宣布教廷对伽利略的谴责是错误的,并为伽利略彻底平反正名。

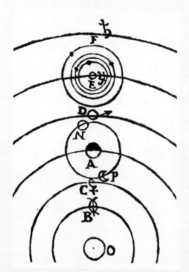

《关于托勒玫和哥白尼两大世界体系的对话》插图(局部)
本图与哥白尼《天体运行论》中的日心说示意图基本相同:诸同心圆的中心O是太阳,往外依次是水星(B)、金星(C)、地球(A)、火星(D)、木星(E)和土星(F),重要改进则在于木星周围画有4颗卫星。Ⓦ

约1638年
加斯科因发明测微器

　　天文望远镜诞生之初,无法测定天体的准确位置,以至于有的天文学家宁愿仍用旧式的仪器靠肉眼来测量。为了能用望远镜测量两个天体之间微小的角距离,英国天文学家加斯科因于1638年前后发明了一种装在望远镜上的附件,称为"测微器"。

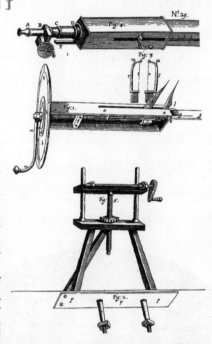

　　测微器中有一对可移动的金属薄片,它们彼此相对的两个刃都经过精密加工,被安装在望远镜的焦平面上,因而可以在众多星像之间清晰地看到它们。转动一个螺距极小的测微螺旋,可以使两个金属片相互靠拢或分开,直到将两个刃调节到正好分别触及两颗靠得很近的恒星。根据螺旋的转动量就可以确定这两颗星之间的微小角距离。这使望远镜从一种观赏用具变成了一种精密仪器。1644年,32岁的保皇党人加斯科因在英国内战中战死。1666年,法国天文学家奥佐和皮卡尔,

罗伯特·胡克于1667年绘制的
加斯科因测微器分解图 Ⓦ

独立发明了一种与加斯科因的测微器很相似的装置,但是用细丝代替了金属片的刃,称为动丝测微器。大约也在此时,英国科学家罗伯特·胡克也造出个类似的装置。望远镜配上动丝测微器可谓如虎添翼,天文观测的精度随之而大幅度提高。

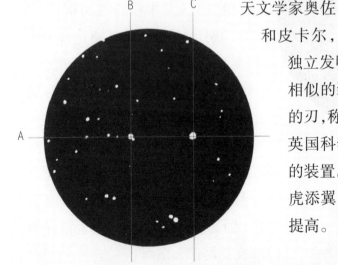

动丝测微器原理图　将测微器定位到使固定的丝A正好通过这两颗星,然后用测微螺旋调节动丝B和C,使之分别通过一颗待测星,由螺旋的调节量即可推算出两颗星的角间距。Ⓑ

1656 年

惠更斯发现土星光环

荷兰物理学家和天文学家惠更斯 1629 年生于海牙,年青时代在莱顿大学受到良好的教育。1655 年他开始用自制的天文望远镜探索宇宙奥秘,不久就有了许多发现。

早在 1610 年,意大利天文学家伽利略已经发现木星有 4 颗卫星,但无人知晓其他行星是否也有卫星。1655 年,26 岁的惠更斯制成第一架重要的仪器:一架口径 5 厘米、长 3.6 米、放大率为 50 倍的折射望远镜。1655 年 3 月 25 日,他用这架望远镜发现土星近旁有一个先前未知的天体。月复一月,他仔细跟踪这个天体在土星近旁的往返移动,直到 1656 年终于宣布自己发现了土星的一颗卫星,它每 16 天就环绕土星公转一周。后来,这颗卫星被命名为"泰坦"。泰坦是希腊神话中一个神族成员的统称,其每个成员又各有自己的名字。"泰坦"是土星最大的卫星,直径 5150 千米,在太阳系的全部卫星中大小仅次于木卫三。后来发现的土卫逐渐增多,"泰坦"在汉语中定名为"土卫六"。它与土星相距 122 万千米,相当于土星半径的约 20 倍。

1610 年,伽利略从望远镜中看到土星的形状奇特而多变,宛如一个球体两侧各有一个小小的附属物。他想,也许它们是土星的卫星吧?然而,日复一日,这两个附属物却越缩越小,两年后竟至完全消失。更奇怪的是,到 1616 年,那些附属物又重新出现了。伽利略终其一生也没弄明白那究竟是什么东西。

惠更斯望远镜的质量远胜于伽略略的望远镜。他在 1656 年终于看清,

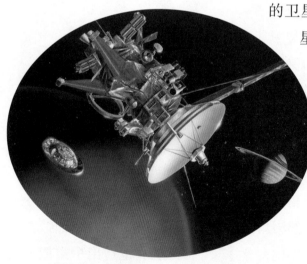

"卡西尼—惠更斯号"探测器艺术构思图 该探测器由美国国家航空航天局于 1997 年发射的"卡西尼号"土星探测器(图中央)和它携带的欧洲空间局研制的"惠更斯号"土卫六着陆器(图中左侧)组成,于 2004 年到达土星(图中右侧)附近。"惠更斯号"向土卫六(图中左下方)降落,"卡西尼号"则继续在轨道上探测土星的卫星、光环、大气和磁场。Ⓝ

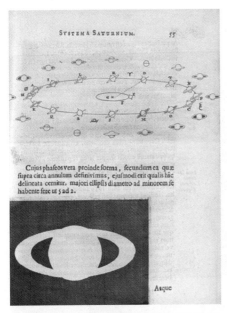

惠更斯在《土星系统》一书中描绘的17世纪前期天文学家对土星光环的认识 Ⓦ

那些奇怪的附属物原来是环绕土星的一圈光环。为了郑重起见，他按当时科学界的流行做法，用一个拉丁文的字谜宣告自己已有所发现：

aaaaaaa ccccc d eeeee g h iiiiiii llll mm nnnnnnnnn oooo pp q rr s ttttt uuuuu

1659年，当他终于确信自己正确无误时，才在同年出版的《土星系统》一书中揭开了谜底。原来，上面那62个字母应该重新排列成这样一句拉丁文：

Annulo cingitur tenui, plano, nusquam cohaerente, ad eclipticam inclinato

意思是"有环围绕，又薄又平，不和土星接触，而与黄道斜交"。书中还正确地附图解释了土星光环形状不断变化的原因：它以不同的角度朝向我们，当我们朝它的侧边看去时，薄薄的光环便仿佛消失不见了。

1856—1859年，英国科学家麦克斯韦运用天体力学理论证明，土星光环并不是一个固态的整块，而是由环绕土星运行的无数固体质点构成，这一理论后来为观测所证实。土星光环曾长期被视为大自然中独一无二的奇迹，直到20世纪后期人们才陆续发现天王星环、木星环和海王星环。

天文观测需要准确地记录时间，惠更斯对此作出了极重要的贡献——研制了世界上第一台摆钟。自古以来一直使用的日晷和漏壶，不能满足精确计时的要求。14世纪诞生的机械钟，误差仍大到若干分之一小时。16世纪80年代，伽利略发现了摆的等时性原理：一个长度固定的摆，只要摆动的幅度不是太大，那么其摆动周期就是固定的，即与摆幅无

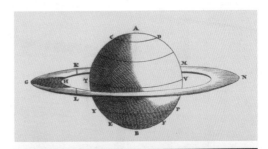

土星及其光环 （上）惠更斯1698年的素描，（下）哈勃空间望远镜1998年4月拍摄的照片。（上）Ⓟ（下）Ⓝ

关。1656年,惠更斯试制成功靠下落的重锤提供动力,从而能使摆锤维持长时间摆动的机械装置。他据此于1657年制成第一台摆钟,又于1658年出版关于精确计时器的第一部著作《时钟》。惠更斯发现,其实只有当摆锤沿着"摆线"——而不是圆弧——摆动时,摆动周期才严格地不随摆幅大小而变。他设计了种种巧妙的机构,造出了使摆锤沿摆线摆动的钟。他呈献给荷兰政府的第一台"有摆落地大座钟",象征着精确计时的时代已经来到。

另一方面,为了克服摆钟过于笨重的缺点,惠更斯又将弹性很强的金属丝弯成一个松松的螺旋,称为"游丝",制成

荷兰莱顿波哈夫博物馆展出的惠更斯的摆钟◎

一种"摆轮"。游丝占的地方很小,能够很有规律地卷紧和松开,并由主发条提供动力。1673年,惠更斯在第二部关于精确计时器的著作《摆式时钟》中详细叙述了他的发明。摆钟计时可以精确到秒,在将近3个世纪中始终是重要的天文计时器。与此同时,带游丝系统的钟做得越来越小巧,又演变成了"表"。

惠更斯还有许多重要的科学成就,这使他的名声传遍欧洲。他被选为英国皇家学会的元老会员。法国国王路易十四为繁荣社稷广招贤士,于1666年将惠更斯引进法国。惠更斯是新教徒,当路易十四渐渐变得不愿容忍新教徒时,惠更斯便于1681年回到荷兰。1695年,惠更斯在他的出生地海牙逝世。

荷兰莱顿波哈夫博物馆陈列的惠更斯著作《摆式时钟》◎

1668 年
牛顿制成反射望远镜

英国大科学家牛顿对光学有着浓厚的兴趣。早在1665—1666年，他才23岁时就做了一项实验：让一束太阳光通过一个棱镜，由于玻璃对不同成分的光折射的程度不同，投影屏上就形成了一条按彩虹的色序排列的"光谱"，白光就是由这些不同颜色的光合成的。这项实验使牛顿一举成名。

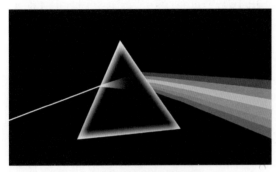

棱镜色散原理图⑧

玻璃对不同颜色的光具有不同的折射率，称为"色散"。色散导致不同颜色的入射光被透镜折射后不能会聚到同一个焦点上，这种现象称为"色差"，它使本该明锐的星像变得模糊不清。伽利略发明的天文望远镜，是以玻璃对光线的折射为基础的，称为"折射望远镜"。当时的折射望远镜都有色差，天文学家为此深感烦恼。

另一方面，平行光线从凹面反射镜上反射后，也能够聚焦。以此为基础制成的望远镜称为"反射望远镜"。反射镜以相同的方式反射所有颜色的光，因此不会产生色差。1668年，26岁的牛顿制成了第一架反射望远镜。它的主镜直径仅约2.5厘米，镜筒仅长15厘米，活像一个小玩具。但是，正因为它没有色差，所以这架可以放在手掌上的望远镜的成像质量并不亚于当时那些1—2米长的折射望远镜。星光从镜筒前端进入，投射到凹面反射镜上，又返回到镜筒前端，这时俯身察

牛顿的简易实验室示意图⑤

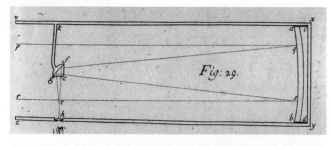
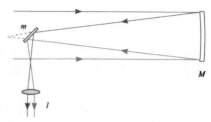

牛顿反射望远镜的光路　（左）牛顿在其所著《光学》一书中的插图,一块棱镜(图中三角形efg)起着平面反射镜的作用,(右)简化的光路图。(左)Ⓟ(右)Ⓑ

看物像的观测者本身就会挡住入射光线。为此,牛顿使望远镜后端的球面主镜所反射的星光,在汇聚到焦点之前又射到一小块平面副镜上,副镜的取向与主镜交成45°角。射到副镜上的光线方向转过90°反射出来,最终进入装在镜筒边上的目镜。

1672年1月,牛顿把自己制造的第二架反射望远镜送到皇家学会展示,它的主镜口径仅5厘米,但成像质量上佳。这架望远镜一直保存到了今天。当然,早期的反射望远镜也会有自身的缺陷。那时,反射镜是用金属制造的,镜面反射率不高,牛顿本人的镜子就只能反射16%的入射光。此外,金属反射镜还容易逐渐失去光泽,常常需要重新抛光。

牛顿断言折射望远镜的色差永远也无法消除,但是他错了。设想用两种不同性能的玻璃来制造透镜:先用一种玻璃制成的凸透镜使光线会聚,再用另一种玻璃制成的凹透镜使光线微微发散。光线通过这两块透镜后聚集到焦点。由于凹透镜的作用,这时光线会聚的程度将不再像仅用一块凸透镜时那么显著。

现在再设想,用来制造凹透镜的这种玻璃的色散本领比制造凸透镜的那种玻璃大,也就是说,它能使红光与紫光分得更开。于是,这块凹透镜使光线发散的程度虽然不足以抵消光线穿过凸透镜后造成的会聚,但是由于它的色散大,却可以抵消凸透镜造成的各色光的分离。换句话说,用两种不同玻璃制成的复合透镜有可能消除色差。牛顿去世后仅仅6年,英国律师兼数学家切斯特·穆尔·霍尔就于1733年研制出了第一个"消色差透镜"。

牛顿于1672年向伦敦皇家学会展示的反射望远镜复制品Ⓞ

17 世纪中期
格林尼治天文台等相继建成

17世纪初天文望远镜诞生之后，为这些不断改进的天文仪器建造合适的"新居"，就成了天文学家的当务之急。数十年间，欧洲陆续建成了一批近代的天文台。例如，1640年前后丹麦建造的哥本哈根天文台，1667—1671年法国建造的巴黎天文台，1675年英国建造的格林尼治皇家天文台等。

古老的哥本哈根天文台◎

兴建这些天文台的具体动机并不完全一致。例如，建造巴黎天文台的直接目标是改善大地测量精度，格林尼治天文台的目标则是满足航海需求。巴黎天文台是在法国国王路易十四时期建造的，于1667年奠基开工。那时，路易十四很重视罗致人才，繁荣社稷。主持建造巴黎天文台、并领导该台长达40年之久的乔万尼·卡西尼，就是从意大利引进的杰出人物。路易十四崇尚奢华，但是卡西尼于1669年到达巴黎后，却要求改变天文台的设计方案，使它简化装潢而更为实用。路易十四虽然感到不悦，但最终还是同意了。巴黎天文台于1671年落成，后来隶属法国科学院。300多年来，它在世界上有着广泛的影响。荷兰大科学家惠更斯也于1666年被路易十四请到法国，直到1681年才回荷兰。2005年，"卡西尼号"土星探测器将其携带的子探测器"惠更斯号"释放到土星最大的卫星——土卫六上登陆，卡西尼和惠更斯这两位科学家的大名也更是家喻户晓了。

另一方面，17世纪英国的航海业已经非常发

创建巴黎天文台的乔万尼·卡西尼Ⓦ

格林尼治天文台初建时的主楼至今保存完好⑧

达。但当时的星表中所载的恒星位置精度不高,远不能满足海上的船舰通过天文观测准确测定经度的需求。为此,在一些科学家的要求下,英国国王查理二世下令,在伦敦郊外的格林尼治修建一座皇家天文台。查理二世任命弗拉姆斯蒂德为皇家天文学家和首任台长,以"专心致力于订正天体运行表和恒星位置表",使人们了解"对完善航海至为重要的那些地方的经度"。

国王提供了房子,但是弗拉姆斯蒂德既没有助手,也没有仪器,而且薪俸微乎其微。他不得不亲自为建造仪器筹款、甚至乞讨。1675年皇家格林尼治天文台落成,弗拉姆斯蒂德在那里一直工作到1719年逝世。他非常勤勉,进行了无数的天文观测,终于完成了一部巨大的星表和星图。这是望远镜时代第一份伟大的星表,它的单星定位精度要比第谷星表高6倍,达到了10″以内。弗拉姆斯蒂德去世后,天文台的仪器被他的债主和后嗣搬走了。第二任皇家天文学家哈雷只好重新装备这座天文台,它在世界上的影响依然广泛。在1884年召开的国际子午线会议上,决定采用格林尼治皇家天文台的艾里中星仪所在的子午线作为计量地理经度的起点,即"本初子午线"。

格林尼治天文台首次乔迁新址——苏塞克斯郡的赫斯特蒙苏 第二次世界大战结束后不久,格林尼治天文台因伦敦城大气污染而迁址。图中右侧的大圆顶内装有一架1967年落成的口径2.5米反射望远镜,它被命名为艾萨克·牛顿望远镜。画面前景就是英国著名的古迹赫斯特蒙苏城堡。⑩

1676 年
罗默测定光速

丹麦天文学家罗默1644年生于日德兰的奥尔胡斯,曾在哥本哈根大学研究天文学。1671年,法国天文学家皮卡尔到丹麦参观第谷·布拉赫旧时的天文台,希望测定它的准确经纬度,以便必要时可以重新计算第谷从前的观测数据。皮卡尔在那里雇用年轻的罗默做助手,后来又把他带回巴黎。在巴黎,罗默因仔细观测木星卫星的运动而著称。

17世纪以前,人们以为光的传播是超距的,其运动速度为无限大,星光都是瞬时到达地球的。意大利科学家伽利略首先对此质疑,并曾试图测定光速,方法是让一名助手拿着一盏灯站在一个山丘上,他自己则拿着另一盏灯站在另一个山丘上,两人来回闪亮灯光。但是,在一盏灯闪亮到看见另一盏灯回应的闪光所隔的时间,却仿佛只是由于人对刺激作出反应需要一定的时间造成的。做实验的山头之间相距更远时,发出闪光信号与得到回应之间的滞后时间并没有什么变化。

工作中的丹麦天文学家罗默Ⓦ

1668年,日后成为巴黎天文台台长的卡西尼编制了木卫的星历表——记录或计算木星卫星在一系列时刻在天球上所处位置的表格。这样,就有可能从理论上预告从地球上看到木星掩食木卫的准确时刻了。但是,1672年,罗默在巴黎天文台观测木星掩食木卫的现象,却发现卡西尼的木卫星历表时常与观测不符。

罗默注意到,当地球运动的方向为接近木星时,木卫一连续两次被木星掩食的时间间隔变短;而当地球运动的方向为远离木星时,木卫一连续两次被掩食的时间间隔变长。同伽利略的试验相类比,罗默仿佛有了相距好几亿千米远的两

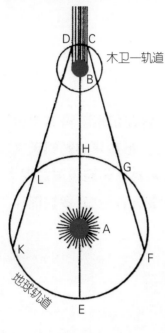

木卫一轨道

地球轨道

罗默测定光速原理图 图中A为太阳，B为木星，C为木卫一进入木星影子处，D为木卫一跑出木星影子处，E、F、G、H、L、K为离木星不同距离时的地球。木卫一在CD区内即被掩食。由于光速有限，当地球从F向G运动时，观测者将看到木卫一被掩食时刻提前；从L向K运动时，则看到其被掩食时刻推迟。由此即可测定光速。Ⓑ

个"山头"（即地球和木星），和一种不涉及人的反应时间的"闪光"（即木卫掩食的瞬间）。

罗默对他的发现作出了正确的判断：光一定具有某个有限的速度，当地球距离木星越远时，木卫掩食就推迟得越久，这是由于光越过地球的轨道需要花好几分钟的时间。1673年，卡西尼等人测定的日地距离是约1.4亿千米。罗默采用这一数据，经过几年的观测和计算，于1676年在巴黎科学院的一次会议上宣布，光线穿过地球轨道直径约需22分钟，相当于光速约为210 000千米/秒。作为第一次尝试，应该说罗默确实干得很不错了。它打破了光速无限的传统观念，并成为日后英国天文学家布拉德雷发现光行差的前提。

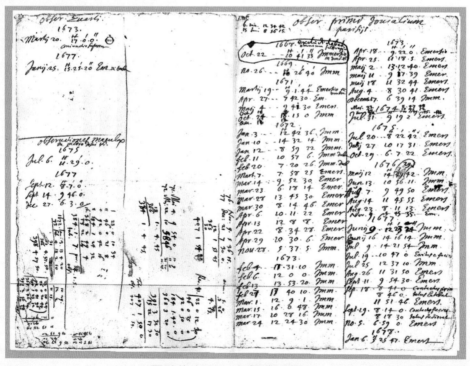

罗默的木卫一掩食时刻表Ⓦ

1687 年
牛顿《自然哲学的数学原理》出版

英国伟大的数学家、物理学家、天文学家和自然哲学家牛顿，出生日按儒略历是 1642 年 12 月 25 日圣诞节，但按格里历——即现行的公历推算则是 1643 年 1 月 4 日，出生地是英国林肯郡的伍尔索普。

牛顿童年时在学校里对周围的一切充满好奇，却并不显得很聪明，但是后来成了学校里最好的学生。他的舅舅在剑桥大学三一学院，力主让牛顿到剑桥大学去求学。1664 年牛顿在那里取得学士学位，1668 年获硕士学位。

从古代到中世纪，人们普遍信奉亚里士多德的哲学，认为天体和地上的万物遵循着不同的自然规律。但是牛顿设想，控制月球运动与控制自由落体的应该是同一种力。他还推导出落体的加速度与重力的大小成正比，而重力的大小则与物体到地心距离的平方成反比。

1684 年，天文学家哈雷问牛顿，天体之间若有与距离平方成反比的引力，它们将会如何运动？牛顿脱口而出：

英国科学家牛顿Ⓦ

"按椭圆轨道运动。"他讲起自己早在 18 年前已作过理论推测。牛顿用拉丁文写的不朽巨著《自然哲学的数学原理》——常简称《原理》，详尽地阐明了这一切，并在哈雷敦促和资助下于 1687 年出版。

《原理》全书由 5 部分构成。第一部分相当于导论，其中将物体的运动归纳为三条力学定律。第一定律是惯性定律：任何物体在不受外力作用时，静止的保持静止，运动的则保持匀速直线运动。第二定律利用质量和加速度给力下了定义，它首次清晰地将物体的质量同重量区分开来。第三定律指出，对于每一个作用力，都存在一个大小与其相等但方向相反的反作用力。

第二部分是《原理》的第一篇"物体的运动"。其中阐明了两个物体间的引力与它们的质量乘积成正比，而与两者之间距离的平方成反比，这就是如今众所周

知的万有引力定律。

第三部分是《原理》的第二篇"物体（在阻尼介质中）的运动"，讨论流体的静力学和动力学问题，研究了介质对物体运动的影响。

第四部分是《原理》的第三篇"宇宙体系"，用万有引力定律说明行星、月球、彗星等天体的运动，讨论了潮汐、岁差等天文现象的成因。

在最后一部分"总释"中，牛顿对天体之所以如此规则地运动的终极原因深感困惑，而将它归诸上帝的全能设计。

《原理》的出版标志着由哥白尼日心说开创的科学革命达到了顶峰。它被誉为"17世纪物理学、数学的百科全书"，影响遍及自然科学的所有领域。欧洲大陆的学者们对牛顿肃然起敬，惠更斯甚至专程前往英国会见牛顿。

1696年，牛顿被委任造币局总监，1699年升为局长，这在当时是很高的荣誉。他全力投身新职，改善了造币工艺。1703年，牛顿当选为皇家学会会长，以后年年连任，直至1727年在伦敦逝世。

哈雷曾问牛顿，为什么他能有那么多的发现，而别人却做不到。牛顿答道，他解决问题不是靠灵机一动，而是靠持久的苦苦思索。1676年，牛顿在给胡克的一封信中写道："如果我比别人看得远些，那是因为我站在巨人们的肩上。"可是，其他科学家不也是站在巨人的肩上吗，为什么只有牛顿才看得更远呢？这真是一个具有永恒魅力的好问题。

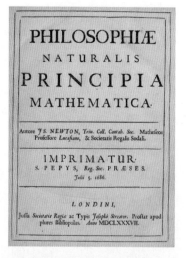

《自然哲学的数学原理》扉页Ⓦ

英国伦敦威斯敏斯特大教堂中的牛顿墓Ⓦ

1705 年

哈雷发现周期彗星

英国天文学家哈雷1656年出生于伦敦附近的哈格斯顿,从学生时代起他就对天文学深感兴趣,19岁时就发表了论述开普勒行星运动定律的著作。

英国天文学家哈雷　英国画家穆里作于约1687年,英国皇家学会藏,哈雷时任该学会秘书。Ⓦ

1684年,哈雷因为父亲被人谋杀而继承了一大笔遗产,从此就很富有了。他是牛顿的莫逆之交,他的鼓励和经济资助使牛顿的不朽之作《自然哲学的数学原理》得以顺利出版。1703年,哈雷就任牛津大学的几何学教授。那时,牛顿的万有引力定律已经成功地运用于各个行星甚至月球,但是还不清楚将它应用到那些出没无常的彗星时又会怎样。哈雷开始着手解决这个问题,他在牛顿帮助下编纂了大量彗星记录,并运用牛顿的引力理论严格计算彗星运行的轨迹。

1705年,哈雷发表专著《彗星天文学论说》,阐述了对于1337—1698年人们观测的24颗彗星,计算其运动轨道的结果。虽然这些轨道被认为是抛物线的,但也并不排除某些彗星的轨道可能是极扁长的椭圆。哈雷发现,1456年、1531年、1607年和1682年出现的几颗彗星轨道都很相似,相邻两次出现的时间间隔均为75—76年。其中1682年出现的彗星,哈雷还曾亲自观测过。他由此推断,它们实际上可能是在扁长的椭圆轨道上绕太阳运行的同一颗彗星,"因此我认为可以大胆地预言:它将于1758年再度归来"。哈雷未能活到目睹这颗彗星"回家"——要做到这一点哈雷就得活上102岁,而他实际上只活了86岁。后来,这颗彗星果然如期而至,它过近日点的日期与哈雷的预言前后仅相差1个月。后人将这颗彗星命名为"哈雷彗星",1835年、1910年、1986年它又先后回来3次,2061年它还会再次归来。

哈雷彗星是人类发现的第一颗"周期彗星"。只有当它离地球较近的时

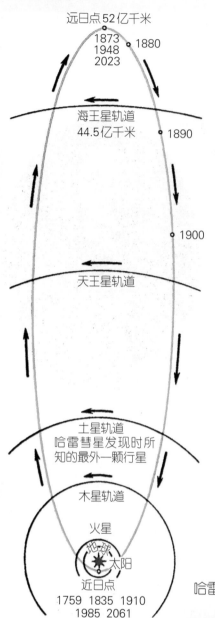

远日点52亿千米
1873
1948　1880
2023

海王星轨道
44.5亿千米　　1890

1900

天王星轨道

土星轨道
哈雷彗星发现时所
知的最外一颗行星

木星轨道

火星
地球　太阳
近日点
1759　1835　1910
1985　2061

哈雷彗星的轨道（图中数字代表年份）Ⓑ

候，人们才能看到它。在两次出现之间，它必定是运行到比当时所知最远的行星——土星更远的地方去了。哈雷的发现表明，貌似行踪不定的彗星，其实也同行星一样是太阳王国的臣民。彗星的运动显得飘忽无常，只是因为它们的轨道太扁长了，以至于有些彗星可能要隔成千上万年才出现一次。更重要的是，哈雷发现彗星的周期性回归，为万有引力理论提供了令人信服的证据，有力地促使欧洲学术界普遍接受了这一理论。对于判断天体力学方法的正确性，这也是一个决定性的案例。

1720年，英国首任皇家天文学家弗拉姆斯蒂德去世，哈雷受命接任。先前格林尼治皇家天文台的仪器因为是弗拉姆斯蒂德的私人财产，所以都被他的债主和后嗣搬走了。哈雷为天文台重新配备仪器，在20年任期中，他主要致力于仔细观测和研究月球的运动。1742年，哈雷在格林尼治与世长辞。

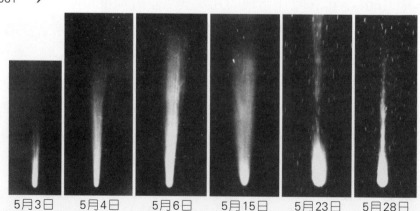

5月3日　5月4日　5月6日　5月15日　5月23日　5月28日

1910年哈雷彗星回归　5月份拍摄的系列照片，其亮度于当月中旬达到极大。Ⓑ

1717 年
哈雷发现恒星自行

　　自古以来，直到 17 世纪前期，所有的天文学家都在北半球工作，除了水手和旅行家们的零星报道外，南部天空仍是一块处女地。1676 年，20 岁的英国天文学家哈雷破天荒地前往南大西洋的圣赫勒拿岛，建立了南半球的第一个天文台，观测记录南天的恒星。

圣赫勒拿岛俯瞰Ⓦ

　　1678 年，哈雷回到欧洲，发表了一份载有 341 颗南天恒星黄道坐标的星表。这使他被誉为"南方的第谷"，并被选入皇家学会。

　　天文望远镜配备测微器和摆钟之后，精确测定天体位置的能力大为提高，导致 18—19 世纪陆续发现了影响天体视位置的诸多因素。其中首先就是哈雷发现的恒星"自行"。1717 年，哈雷把自己观测的恒星位置，同古希腊天文学家托勒玫在《天文学大成》中记载的位置进行比较，发现大犬座α（天狼星）、小犬座α（南河三）和牧夫座α（大角星）的位置都有了显著变化，而几位古希腊天文学家的观测结果却彼此较为一致。尤其是天狼星，哈雷测得的位置甚至同一个多世纪前的第谷星表相比也有了偏差。他由此推断，恒星有其固有的运动，即自行，只因恒星都离我们极远，所以这种运动必须经过很长时间才能察觉，年代相隔越远其位置变化就越显著。上述 3 颗恒星都特别亮，有可能离地球较近，因而其运动比较容易觉察。恒星自行的发现，打破了自古以来关于恒星固定不动的传统观念。

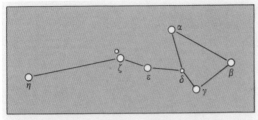

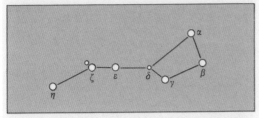

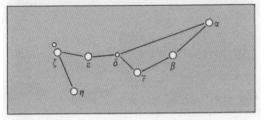

恒星自行使北斗的形状发生变化　（上）10 万年以前，（中）现在，（下）10 万年以后。Ⓑ

1725—1747年
布拉德雷发现光行差和地轴章动

英国天文学家布拉德雷出生于1693年,青年时代即以数学才能赢得了牛顿和哈雷的友谊,并于1718年入选英国皇家学会。在天文学上,他的主要志趣是测量恒星的视差位移——简称"视差"。

英国天文学家布拉德雷Ⓦ

地球绕着太阳运行,与遥远的恒星相比,较近的恒星在天穹上的位置就应该有所移动。这是因为人们随着地球运行时,是从不断变化着的角度来观看这些恒星的。事实上天文学家却从未观测到这样的视差。哥白尼认为恒星实在太遥远了,以至于视差小得无法测量。

从1725年起,布拉德雷就坚持不懈地进行观测,他发现恒星在一年之中确实呈现出极小的位移,其数值约为40″,移动径迹则是一个很小的椭圆。但是,这种位移的数值和变化规律与按地球运动预言的恒星视差位移并不相符。直到1728年,布拉德雷才明白了其中的道理。

原来,运动中的观测者看到的某一天体的方向,与观测者静止时所见同一天体的方向存在着微小的差异,这就是"光行差"现象。这可以用行人打着伞在雨中前行来类比。行人若将雨伞垂直地撑在头上,他就会走进前面正在下落的雨点中;但若将雨伞稍稍往前进方向倾斜,他就能免遭雨淋。人走得愈快,雨伞就必须往前倾斜得愈厉害。地球在运动,地球上的观测者亦随之运动。若将地球比作那位雨中的"行人",把恒星射来的光比作"雨点",把观测者的望远镜比作"雨伞",那么望远镜就必须朝地球前进的方向略微倾斜,才能使星光笔直地落入镜筒。

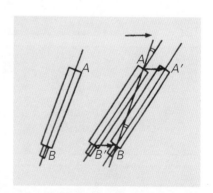

光行差原理示意图 (左)如果观测者是静止的,那么他看到的星光入射方向就是星光前进的真正方向;(右)如果观测者沿横向 AA′ 移动,那么他就会觉得星光是由 AB′ 或 A′B 方向射来的。Ⓑ

布拉德雷发现光行差的历史功绩在于：首先，它明确地证实地球在绕太阳公转，从而进一步支持了哥白尼的日心地动学说；其次，光行差的大小取决于地球运动的速度与光速之比，从而进一步支持了丹麦天文学家罗默于1676年确定光速有限的结论；最后，天文学家在扣除光行差之后，就便于探测数值更加微小的视差位移了——这在一个多世纪后才获得成功。

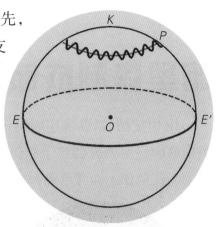

岁差和章动示意图　图中 O 是天球中心，K 是北黄极，P 是北天极，大圆 EE' 是黄道。⑧

1728年，布拉德雷又发现，他观测所得的恒星同北天极的角距离，扣除岁差和光行差之后仍有细微的变化。他推测这可能是月球的影响使地球的自转轴发生了颤动。布拉德雷称它为地轴"章动"。地轴的章动周期约为19年，这正是月球轨道同地球轨道的交点在天球上绕行一周所需的时间，即一个沙罗周期。布拉德雷进行了20年的观测研究，终于在1747年底宣布了这一发现。1749年，法国数学家达朗贝尔通过严格的理论分析，证明章动确实是由月球对地球赤道隆起部分的引力作用造成的。

1742年，哈雷亡故，布拉德雷受命为第三任英国皇家天文学家。据说他断然拒绝了增加薪俸，因为倘若皇家天文学家的职位太有利可图，那么真正的天文学家就很难获得任命了——俸禄太丰厚的职位将会被善于钻营之徒所窃据。1762年，布拉德雷逝世，享年69岁。

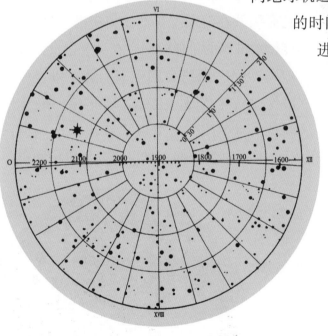

北天极在1600—2200年间的移动轨迹　图中的圆心是1900年北天极所在的位置，内圆的半径是30′，外圆的半径是2°，左方最亮的那颗星是小熊座α（今北极星）。微微弯曲的弧线是由岁差引起的北天极在1600—2200年间的移动轨迹。章动造成的波动非常小，在本图中甚至无法按比例显示出来。⑩

1728年

哈里森制成航海钟

18世纪初,精确测定船只在海上的经度,已成为发展航海事业的当务之急,英国政府甚至为此创建了格林尼治皇家天文台。恒星过子午圈的时刻,是随着观测者在地球上的经度而异的,因此就有可能根据这种时间差,推算出海上不同地方的经度差。但是,为此就必须有一只精确的"时计",或者说一只精确的钟,能在航行全程中始终保持走时准确。摆钟禁不起船舶的摇摆俯仰,无法满足这一要求。

英国经度局于1713年悬赏寻求一台准确的船用计时仪,奖金高达2万英镑。它必须放在海船上仍然走得很准,随时都能指示准确的伦敦时间。在一个多世纪以前,1598年,西班牙国王菲力普三世也曾经作过悬赏,但无人应赏。而此时,一位木匠的儿子约翰·哈里森来解决这个问题

英国仪器制造家约翰·哈里森ⓦ

了。哈里森1693年生于约克郡的福尔拜,通过自学掌握了难以想象的机械知识和技能。

从1728—1759年,仪器制造家约翰·哈里森,后来还有他的儿子威廉·哈里森一起,先后研制成功4只航海钟,后来依次被称为H-1、H-2、H-3和H-4。其中最值得称道的H-4直径只有12.7厘米,像是一只大型的怀表。表盘上用罗马数字表示小时,用阿拉伯数字表示分和秒,3根青钢表针指示着准确的时间,使人感觉它简直就是优

哈里森于1759年制成的航海钟H-4的后视机件图ⓘ

哈里森于1770年制成的航海钟H-5ⓐ

雅和精确的化身。H-4随船从英国的朴茨茅斯到中美洲的牙买加，在海上航行了81天，仅仅慢了5秒钟！它有一个巧妙的装置，使得钟在上弦时仍能准确走时而不受干扰。

哈里森的钟完全符合奖励条件。可是，英国经度局却异常刻薄。它一再推迟付给哈里森应得的奖金，又不断对哈里森提出更多的要求。尽管哈里森总是做到这一切，他得到的报酬却少得可怜。也许，这是因为他的身份只是一名技工，而不是皇家学会的一位绅士。直到1765年，哈里森才得到了一半奖金。

经度局要求哈里森再造两台H-4的复制品，才能兑现奖金全额。1770年，77岁的约翰·哈里森完成了结构与H-4完全相同的H-5。但是，他再也没有精力造一架同样的钟了。哈里森父子在绝望中给国王乔治三世写信申诉，年青的国王亲自对H-5进行测试，证明它的精度范围每天都在1/3秒以内。乔治三世帮助哈里森父子直接向首相和国会求助，以获得威廉所说的"纯粹的公道"。

最后，英国国会在1773年6月底给了哈里森一笔奖励金，其数额与经度局拖欠的奖金大体相当。1776年3月24日，约翰·哈里森在83岁生日那天卒于伦敦。他的时计使航海进入了一个新时代，直到无线电通信将整个世界连成一体，航海钟才最终退出历史舞台。

哈里森出生的那幢房子标有的蓝色铭牌ⓦ

1755年

康德《自然通史和天体论》出版

德国哲学家康德⑩

德国大哲学家伊曼纽尔·康德1724年生于东普鲁士的柯尼斯堡。他青年时代曾在柯尼斯堡大学攻读数学和物理学，1755年获得医学学位。同年他出版了《自然通史和天体论，或根据牛顿原理试论宇宙的结构及其力学上的起源》一书，简称《自然通史和天体论》。

《自然通史和天体论》共分三大部分，第一部分论述银河和全天的恒星构成一个巨大的恒星系统——如今称为银河系，并认为这类恒星系统在宇宙中大量存在——如今称为河外星系，这一猜测对后世天文学的发展影响深远。第二部分中，康德利用当时的天文观测资料，从牛顿力学原理出发，首次提出了太阳系起源的星云假说。他想象原始的太阳系是由大量微粒构成的稀薄星云，在引力和斥力的作用下，产生围绕中心的圆周运动，并通过碰撞形成一些物质团块。其中最大的团块是太阳的胚胎，小的团块则生成行星。这一学说把地球和整个太阳系视为物质运动发展的产物，认为它们都有起源和演化的历史，从而冲破了当时形而上学自然观的藩

《自然通史和天体论》书影⑩

篱。第三部分探讨其他行星上的生命问题。书中还提出海水的潮汐摩擦会减慢地球自转的速度，这是正确的，但过了一个世纪才得到证实。

1770年，康德成了柯尼斯堡大学的数学教授，1804年卒于柯尼斯堡。《自然通史和天体论》在他生前并未引起人们的重视。1796年，法国科学家拉普拉斯又独立提出了另一种太阳系起源的星云假说，康德早先的假说才有了广泛的影响。后来，这两种假说被合称为"康德—拉普拉斯星云说"。

1781 年

威廉·赫歇尔发现天王星

1738年11月15日，威廉·赫歇尔生于德国的汉诺威城。他15岁起就在军队中当乐手，志向是当作曲家。他还将大量业余时间用于研究语言和数学，后来又加上了光学，并产生了用望远镜观看天体的强烈愿望。

1757年威廉·赫歇尔来到英国，辗转到达游览胜地巴斯。到1766年，他已经成为当地著名的风琴手兼音乐教师。

1773年，威廉·赫歇尔用买来的透镜制造了自己的第一架折射望远镜。后来又造了一架更大的，并且租用一架反射望远镜来进行对比，结果是对后者更满意。从此，他就潜心于研制反射望远镜了。

威廉·赫歇尔 历史上最卓越的天文学家之一。他在成为御用天文学家之后，薪俸仍有限。他把钱都花在制作望远镜上，直到1788年娶了一位富有的寡妇，才真正摆脱经济上的窘境。Ⓦ

威廉的妹妹卡罗琳·赫歇尔生于1750年，1772年跟随威廉来到巴斯。她向威廉学习英语和数学，悉心料理家务，并用极详细的日记留下了威廉整整50年的工作史。当威廉整天不停地研磨镜子，无暇腾出手来吃饭时，卡罗琳就亲自一点一点地喂他吃东西。

1781年3月13日夜，威廉·赫歇尔用一架并不很大（口径15厘米、长2.1米）但性能优良的反射望远镜进行观测，发现金牛座中有一颗6等星呈现为一个很小的圆面。夜复一夜的跟踪观测，证实了它在恒星背景上缓缓移动。威

英国巴斯的赫歇尔兄妹故居铭牌 上面写着："这里曾经生活过科学家、音乐家威廉·赫歇尔爵士（1738—1822）——1781年3月13日他在此发现了天王星，并于1800年发现了红外辐射；以及他的妹妹、早期的女科学家卡罗琳·赫歇尔（1750—1848），一名猎彗人。"Ⓑ

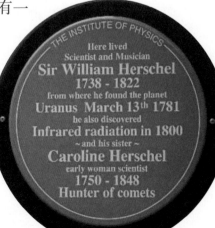

THE INSTITUTE OF PHYSICS

Here lived
Scientist and Musician
Sir William Herschel
1738 - 1822
from where he found the planet
Uranus March 13th 1781
be also discovered
Infrared radiation in 1800
~ and his sister ~
Caroline Herschel
early woman scientist
1750 - 1848
Hunter of comets

廉猜想,这也许是一颗尾巴尚不明显的彗星。4月26日,他在英国皇家学会宣读了发现新天体的论文。8月,瑞典的莱克塞尔、法国的拉普拉斯等著名天体力学家不约而同地计算出这个天体的轨道,确认它是一颗比土星离太阳还要远一倍的新行星。其实,这颗星有时用肉眼都能勉强看见。在赫歇尔之前,它至少已被天文学家记录到17次,却都被误认为恒星了。

当时的英国正处于汉诺威王朝时期,国王乔治三世是德国汉诺威选帝侯的后嗣。他为自己的汉诺威同乡取得如此辉煌的成就满心欢喜,便任命威廉为御用天文学家。从此,威廉就不必再靠音乐谋生了。他想把新行星命名为"乔治星",以示对国王的敬意。英国天文学家则提议命名它为"赫歇尔",以

天王星(右)和地球(左)大小比较ⓦ

彰显发现者的功绩。其他国家的天文学家希望遵守用神话人物命名行星的传统,最后人们采纳了德国天文学家波得的建议:用天神乌拉诺斯命名它。在汉语中它被定名为"天王星"。

再说1766年,德国维滕贝格大学的物理系教授提丢斯指出:如果将土星到太阳的距离作为100,那么其他行星到太阳的距离就可表示为4(水星)、4+3=7(金星)、4+6=10(地球)、4+12=16(火星)、4+24=28(?)、4+48=52(木星)、4+96=100(土星),在距离28处似乎"丢失"了一颗行星。1772年25岁的波得重提上述规律,它才逐渐为世人所知,并被称为"波得定则"或"提丢斯—波得定则"。

Tuesday March 13

Pollux is followed by 3 small stars at abt 2'
and 3' distance.

∞ as usual. φ H

in the quartile near ζ Tauri the lowest of two is a
curious either Nebulous Star or perhaps a Comet.

威廉·赫歇尔1781年3月13日那天的观测原始记录(局部) 其中写道在金牛座ζ附近有一颗星"很奇特,它要么是云状的恒星,要么是一颗彗星"(见最后两行文字)。Ⓟ

天王星发现之后,人们惊喜地看到它到太阳的实际距离(为土星到太阳距离的1.92倍)同按照提丢斯—波得定则推测的(4+192=196)相当吻合。这就进一步激发了天文学家搜索"距离28"处那颗"丢失"了的行星的热情。1801年,第一颗小行星"谷神星"的发现正好填补了这一空缺。

1782年

古德里克测定英仙座β的光变周期

1786年，在英国约克郡的汉兴古尔下葬了一位年仅22岁的聋哑青年——天文学家约翰·古德里克。他在18世纪后期的一些发现和思想，奠定了恒星物理学中的一个重要分支——变星研究的第一块基石。

英国天文学家约翰·古德里克ⓦ

1764年9月17日，古德里克出生在荷兰的格罗宁根，幼年的一场重病使他变得又聋又哑。他8岁被送到英国的爱丁堡，在一所聋哑学校接受教育，14岁进入当时英国北部著名的沃林顿学院，后来成了一位古典学者兼数学家，同时又对天文学发生了兴趣。他的《天文观测录》表明，最迟在1781年11月他已经到了约克。

自古以来，人们一直以为恒星是永不变化的。直到1596年，才有一位名叫法布里修斯的德国天文学家发现，3等星鲸鱼座o（中国古名"蒭藁增二"）在那年10月隐没不见了。后来它又重新增亮，人们再度发现它的时候就给了它一个称号——鲸鱼座"怪星"。

在此之前，阿拉伯人可能已经觉察英仙座β的亮度会发生显著的变化。他们以为这是某种魔力造成的，因此称它为"魔星"。中国古人把这颗星叫做"大陵五"。虽然曾有人注意到它的亮度会

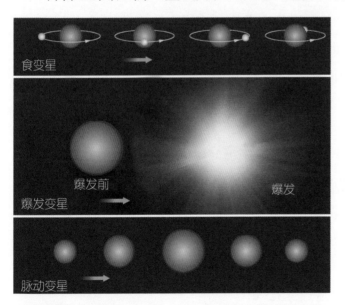

三类变星　（上）"食变星"因两颗子星互相遮掩导致总亮度发生变化；（中）新星和超新星因星体爆发而迅速增亮故称"爆发变星"；（下）"脉动变星"的亮度随整个星体周期性地膨胀和收缩而变化。ⓒ

食变星

爆发变星　爆发前　爆发

脉动变星

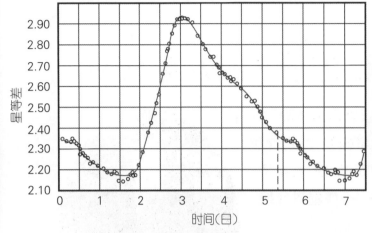

造父一（仙王座δ）的光变曲线　造父一的光变周期为5.37天。每一周期开始时亮度迅速增大，然后缓缓下降，这是所有造父变星的共同特点。⑤

变化，却没有人系统地观测和研究它。1782年11月12日，古德里克写下了一段具有历史意义的文字：

"今晚我观察英仙座β，非常惊奇地发现了它的亮度变化"，"我兢兢业业地观测了大约一个小时——几乎不能相信它的亮度正在变化，因为我从未听说过任何一颗恒星的亮度竟会变化得如此迅速。我想这可能是某种光学上的瑕疵造成的，例如眼睛的缺陷，或者是不良的大气条件；但是继续观测的结果表明，它的亮度变化是真实的，我并没有犯错误。"

夜复一夜的观测使古德里克肯定，大陵五的亮度变化具有严格的周期性。他测定的周期是2天20小时45分，仅比现代的测量值短4分钟。古德里克正确地推断：这必定是因为有一颗暗得看不见的伴星，像发生日食那样周期性地遮掩大陵五。后来这类变星便统称"食变星"或"大陵型变星"。当时的天文学家无法接受他的思想，直到1889年，才有人用分光方法证实了大陵五确实是食变星。

1784年，古德里克又发现仙王座δ（中名"造父一"）是一颗变星，光变周期为5.37天。描绘变星亮度随时间而变化的曲线叫做"光变曲线"，光变曲线的形状同造父一相似的变星就称为"造父变星"。1914年，美国天文学家沙普利提出，造父变星光变的起因是星体不断地沿半径方向一胀一缩"脉动"着，仿佛一个人在大口大口地喘着粗气，于是这种变星又被称为"脉动变星"。

古德里克的健康状况迅速恶化。1786年2月24日，他写下了自己的最后一次观测记录。同年4月初，英国皇家学会选举他为会员。但是，仅仅两个星期之后，他就于1786年4月20日去世了。他那无声的一生，再次向世人雄辩地证明：有志者事竟成！

古德里克观测处附近的铭牌　铭文汉译为："聋哑青年天文学家约翰·古德里克（1764—1786）——他21岁时当选为皇家学会会员——从此铭牌附近楼内的一个窗口观测了魔星的周期性变化，发现了仙王座δ和其他恒星的亮度变化，从而打下了现代度量宇宙的基础。"Ⓦ

1783 年

威廉·赫歇尔发现太阳本动

古人以为恒星都是固定在天球上的,就像儿歌中唱的"青石板上钉铜钉"。然而,1717年,英国天文学家哈雷发现了大犬座α(天狼星)、小犬座α(南河三)和牧夫座α(大角星)3颗亮星的自行。1748年,英国天文学家布拉德雷又指出,在扣除了岁差、光行差和地轴章动的影响后,恒星在天球上的位移可能是恒星自行与太阳运动的综合效应。此后,德国天文学家、制图学家迈尔曾试图利用恒星的自行来探索太阳的空间运动,但未获成功。

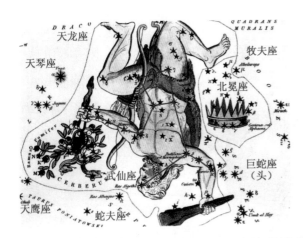

武仙座神话形象图Ⓑ

英国天文学家威廉·赫歇尔想到,如果恒星各自运动的方向是随机的,那么从地球上看去,在太阳运动前进方向上的恒星就会往四处散开;反之,太阳运动背离方向上的恒星看起来就会往中间聚拢。这种情形很像火车在铁轨上行驶,乘客会觉得前方迎面而来的树木往四处分开,后面的树木则往中间靠拢。

与威廉·赫歇尔同时代的英国天文学家马斯基林证实了哈雷测定的3颗亮星的自行,还发现了另外几颗星的自行。1783年,两年前刚发现天王星的威廉·赫歇尔通过分析马斯基林测定的7颗亮星的

武仙座星图　太阳向点的位置用+标示。Ⓑ

自行,发现太阳正朝着武仙座方向运动,这种运动称为太阳的"本动"。太阳本动所指向的天球上的那一点,称为"太阳向点",简称"向点";天球上与向点相反的那一点则称"太阳背点",简称"背点"。上述这7颗亮星是大犬座α、小犬座α、牧夫座α、双子座α(北河二)、双子座β(北河三)、狮子座α(轩辕十四)和天鹰座α(牛郎星),通过它们定出的太阳向点在武仙座λ星附近,这同现代公认的数值相差还不到10°。

1805—1806年,威廉·赫歇尔又完成了有关太阳空间运动的两篇新论文。这时,他可以利用的自行资料已经增加到32颗恒星。研究结果再次肯定了他于1783年确定的向点方位,而且还估算了太阳空间运动的速度。赫歇尔关于太阳空间运动的研究和太阳向点的测定,是18世纪末和19世纪初的杰出天文成果,走在了当时科学发展的最前列。

1837年,德国天文学家阿尔格兰德通过分析390颗恒星的自行,进一步证实了威廉·赫歇尔的结论。太阳本动的发现直接证明了太阳并非静止的宇宙中心,而是一颗不断运动着的普通恒星,人类对宇宙的认识由此又上升到了一个新高度。

今天,人们知道太阳相对于邻近恒星运动的速度是19.7千米/秒,太阳向点的天球坐标是赤经277°,赤纬+30°。

威廉·赫歇尔画的太阳向点示意图
赫歇尔将北半天球投影到通过天赤道的一个平面上,并在上面标出若干已知自行的恒星。图中许多大圆交汇于武仙座λ处,倘若它正好处于太阳运动的方向上,那么诸恒星自行的方向就是沿着这些大圆离开武仙座λ。℗

1785 年
威廉·赫歇尔由恒星计数推断银河系结构

　　1609年伽利略用他刚制成的天文望远镜,发现雾蒙蒙的银河分解成了不计其数的星星。1750年,英国天文学家托马斯·赖特猜测银河和满天的恒星组成一个扁平状的庞大天体系统,太阳只是其中的普通一员。不久,德国哲学家康德和数学家兰伯特也各自提出类似的思想,这便是银河系概念的雏形。

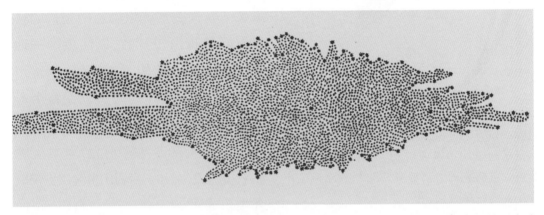

赫歇尔根据恒星计数推断的银河系截面图　　现代天文学业已查明,图中左侧的巨大分
叉实际上是由星际物质的消光作用所致。Ⓦ

　　1780年前后,英国天文学家威廉·赫歇尔开创了通过恒星计数来研究银河系结构的方法。当时,人们对恒星的实际距离还一无所知,赫歇尔便假定恒星在空间是均匀分布的,而且所有恒星的光度都相等——即都具有相同的发光能力;他还假定自己的望远镜在各个方向上都足以看到银河系内最遥远的恒星,而且不存在星际物质造成的消光。他在天球上选定大致均匀分布的683个区域,用一架口径46厘米的反射望远镜逐一统计每个选区中恒星的数目,以及不同亮度恒星的数量比例。威廉在胞妹卡罗琳·赫歇尔的全力配合下,一共计数了117 600颗恒星,终于得出一幅银河系的结构图。他认为众多的恒星在观测所及的范围内,大致排列成一块磨石的形状,太阳就位于这一系统的中心附近。观测者沿这块"磨石"的长轴方向看出去,就会看见极其众多的恒星,由于距离遥远,它们便消隐到模糊的银河背景光中去了。1785年,赫歇尔在"论星空的结构"一文中发表自己的研究结果,说明银河系形状扁平,宽度约为厚度的5倍,盘面轮廓参差,太阳位居中心。尽管他的假设以及太阳居于银河系中心的结论并

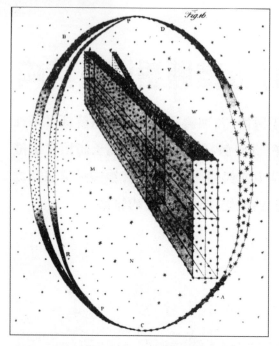

威廉·赫歇尔对银河所作的解释　太阳和其他恒星组成一个层状结构，天穹上的银河乃是地球上的观测者沿着薄层朝各个方向往外看造成的光学效应。℗

不符合事实，但重要的是他开启了用科学方法研究银河系的先河，成为继哥白尼的日心宇宙体系之后，人类认识宇宙的又一座重要里程碑。

一个世纪之后，荷兰天文学家卡普坦又把赫歇尔的工作推进了一步。卡普坦生于1851年，毕业于乌德勒支大学，1878年被任命为格罗宁根大学天文系教授。卡普坦决定用当代的资料重新进行恒星计数，以便更准确地确定银河系的结构。1906年，卡普坦提出一个"选区计划"，建议在整个天球上随机选取均匀分布的206个天区——有人诙谐地称它为"对老天的民意测验"，后称卡普坦选区，以获取其中恒星的视星等、颜色、自行、视向速度、视差、光谱型等基本参数，然后以这些数据为基础进行恒星计数。这一计划得到世界上许多天文机构的响应，成为天文学领域国际合作的典范。

在此基础上，卡普坦在1922年得出了一个银河系结构模型：呈扁平盘状的银河系直径约40 000光年，厚度约7500光年，太阳与银河系中心相距仅约2000光年，后来这被称为"卡普坦宇宙"。尽管它并不很正确，但卡普坦的这项探索却有力地推动了银河系结构和星系动力学的研究。

卡普坦和夫人在美国加利福尼亚州威尔逊山上的帐篷前Ⓦ

1789 年
威廉·赫歇尔建成口径 1.22 米反射望远镜

威廉·赫歇尔少时在父亲指导下学习乐理，史密斯的《和声学》是其教材之一。威廉得悉史密斯还有一部著作《完整的光学系统》，并由此获得了有关望远镜的基础知识。1757年，威廉到达英国，以演奏和教授音乐为生，并经常借用他人的望远镜进行天文观测。从 1773 年起，威廉开始在小妹妹卡罗琳·赫歇尔协助下研制反射望远镜。

赫歇尔尝试用各种不同配方的铜、镍、锑合金做镜胚，并将其精心研磨成能使光线聚焦的凹面反射镜。1774 年 3 月，他制成一架口径 5 英寸（12.7 厘米）、焦距 5.5 英尺（1.7 米）的反射望远镜。1776 年，又一连做成 3 架：第一架的反射镜口径 6.2 英寸（15.7 厘米）、焦距 7 英尺（2.1 米）；第二架口径 9 英寸（22.9 厘米）、焦距 10 英尺（3.0 米）；第三架口径 12 英寸（30.5 厘米）、焦距 20 英尺（6.1 米）。

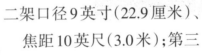

威廉·赫歇尔发现天王星所用的望远镜的复制品ⓦ

他将主镜安装得略微倾斜，使星光经主镜反射后会聚到镜筒前端的边上。这样就省去了牛顿式望远镜的平面副镜，减少了光的损失。这种望远镜称为赫歇尔望远镜。

威廉很喜欢那架较轻便的焦距 7 英尺的望远镜，天王星就是用它发现的。1781 年，他为焦距 20 英尺的望远镜配了一块更大的反

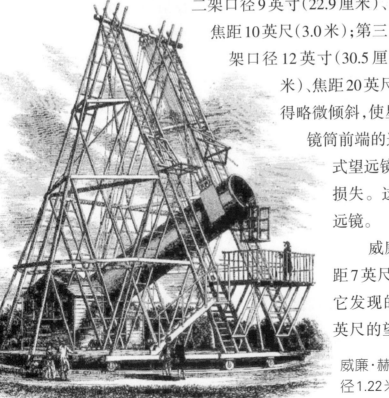

威廉·赫歇尔 1789 年建造的口径 1.22 米反射望远镜ⓦ

对威廉·赫歇尔有知遇之恩的英国国王乔治三世Ⓦ

射镜，口径18.7英寸（47.5厘米）。50多年后，他的儿子约翰·赫歇尔携带这架望远镜到南非，在好望角完成了历时4年的南天巡天观测。

威廉决心继续前进。然而，没人能提供更大的金属镜胚了。威廉在住宅的地下室砌筑冶炼炉灶，熔锻合金材料，自行铸造镜胚。他百折不挠，终于浇铸出合用的大镜胚，于1781年建成一架口径36英寸（91厘米）的望远镜，焦距为30英尺（9.1米），这在当时已属空前。

1785年，威廉着手建造又一架口径36英寸（91厘米）的望远镜，但焦距为40英尺（12.2米）。后来，他为这架望远镜配上口径48英寸（1.22米）的反射镜，使它登上了18世纪天文望远镜的顶峰。一时间，它成了备受推崇的珍奇，随时有人前来瞻仰，国王乔治三世和外国的天文学家便是常客。1796—1800年间，威廉·赫歇尔建成他的最后一架望远镜，口径24英寸（61厘米），焦距25英尺（7.6米），质量上佳。

威廉·赫歇尔为天文望远镜的发展留下了不可磨灭的功绩。他制镜技艺高超，一生至少出售了76架预订的望远镜。他著述等身，但对望远镜的制作工艺却未留下片言只语，这不免令人感到遗憾。

成立于1820年的英国皇家天文学会会徽图案正是威廉·赫歇尔那架口径1.22米的反射望远镜。Ⓑ

1796 年
拉普拉斯《宇宙体系论》出版

　　法国数学家、天文学家、物理学家拉普拉斯1749年出生于诺曼底地区的博蒙昂诺日,十几岁时已显示出特殊的数学才能。

中文版《宇宙体系论》书影Ⓑ

　　1768年,他带着一封推荐信拜访巴黎科学院负责人达朗贝尔。达朗贝尔给他一个数学题目,让他一个星期后交卷,但是拉普拉斯一个晚上就完成了。达朗贝尔又给他一个有关打结的难题,拉普拉斯当场就解决了。达朗贝尔高兴得做了他的教父,还介绍他到巴黎军事学校执教数学和力学。拉普拉斯的学生中,有一个就是年轻的拿破仑。接着,拉普拉斯发表了许多涉及数学和天文学前沿的论文,24岁时成了巴黎科学院副院士。

　　拉普拉斯是天体力学的主要奠基者,是分析概率论的主要创始人,是当时享有盛名的物理学家,也是科学地探讨宇宙演化理论的先行者之一。鉴于他多方面的巨大成就,人们有时称他为法国的牛顿。1816年,他当选为法兰西学院院士,1817年成为院长。

　　本书的下一篇"1799—1825年拉普拉斯《天体力学》出版",将专门介绍拉普拉斯对天体力学的重大贡献。他更为一般人所知的,是有关太阳系起源的星云假说——它作为附录出现在1796年出版的通俗性天文读物《宇宙体系论》中。

　　拉普拉斯认为,太阳系由一个转动着的灼热气体星云形成。星云气体因冷却而收缩,于是自转加快,离心作用增强,外形逐渐趋向扁盘

博蒙昂诺日的拉普拉斯出生地Ⓦ

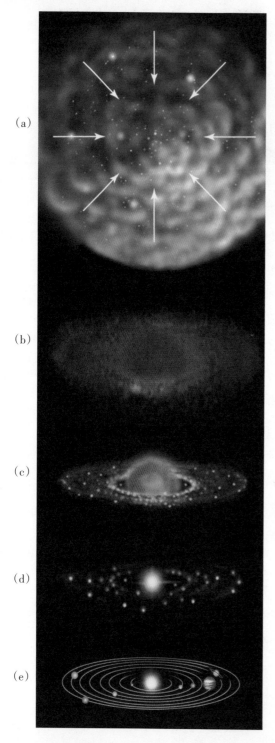

(a)

(b)

(c)

(d)

(e)

状。当旋转着的外层气体所受的离心作用大到一定程度时，就与仍在继续收缩的星云内部脱离，形成一个环。星云继续收缩，这样的分离过程便一次次重演。每个环内的物质由于互相吸引，最后各自凝聚成一颗行星，星云中心部分则凝聚成太阳。行星周围的卫星系统，形成的过程也与此相仿。拉普拉斯的学说统一解释了太阳系诸行星运动的同向性、共面性和近圆性，在物理学上比德国哲学家康德在40年前提出的星云说更加合理。

也许，拉普拉斯并不知道康德早先提出的假说，但他们的基本观念——太阳系由原始星云演化而来是一致的，因此后人常将他们的学说合称为"康德—拉普拉斯星云说"，它在整个19世纪都很流行。星云说首次具体地研究了不同形态的天体——星云同恒星、行星等之间的质的转化，在当时形而上学的自然观上打开了第一个缺口。它的一些基本论点为现代的太阳系起源学说所继承和发展。

1827年，拉普拉斯卒于巴黎。1912年，法国出齐了14卷本的《拉普拉斯全集》。这个《全集》其实并不完整，但篇幅已经超过8000页。"我们所知的非常有限，我们未知的却无穷尽"，拉普拉斯这一名言永远耐人寻味。

太阳系起源的现代星云说示意图　(a)和(b)太阳星云收缩、变扁，成为自转着的圆盘，其中心的大团物质将变成太阳，外围较小的物质团将变成类木行星；(c)尘埃颗粒起着凝聚核的作用，逐渐形成的物质团块互相碰撞、粘合，成长为月球大小的"星子"；形成中的太阳产生的强烈星风推斥星云气体；(d)星子继续碰撞和成长；(e)经过上亿年的时间，星子形成少数几颗在近圆轨道上运转的大行星。Ⓑ

1799—1825 年
拉普拉斯《天体力学》出版

1687 年,牛顿出版《自然哲学的数学原理》一书,为研究天体运动的力学机制奠定了基础。在此后的百余年间,不少科学家致力于研究太阳系天体的运动,陆续提出并解决了许多天体运动的力学问题,其中以法国科学家拉普拉斯的成果最为丰硕。

(左)法国和(右)莫桑比克邮票上的拉普拉斯Ⓨ

1787 年,拉普拉斯证明月球的运动正在缓慢地加速,先前的理论不能对此作出解释。他将此归因于在其他行星的引力影响下,地球轨道的偏心率正在缓慢地减小,因而对月球的引力影响也在缓慢地变化。拉普拉斯还和法国科学家拉格朗日合作推广了上述结果。例如,他们证明只要所有的行星都沿同一方向绕太阳运行——实际情况就是如此,那么太阳系所有行星轨道的总偏心率便保持常数,倘若一个行星的轨道偏心率增大了,那么必有其他行星轨道的偏心率减小来与其平衡。所以,只要太阳不发生急剧的变化,那么在很长的时期内,太阳系基本上都将保持现状。

拉普拉斯全面深入地综合和发展了前人的所有成果,于 1799—1825 年先后分 5 卷 16 册出版了巨著《天体力学》。天体力学的诞生是人类认识宇宙的一次飞跃,《天体力学》则首次系统地总结了这门学科的理论和方法,其中不少关键问题正是拉普拉斯本人解决的。他既是天体力学的集大成者,又是贡献卓著的发展者。这一时期席卷法国的政治变动波诡云谲,拉普拉斯却因他的威望以及将数学用于军事问题的才能而安然无恙。

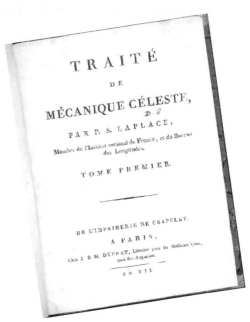

拉普拉斯著《天体力学》扉页Ⓦ

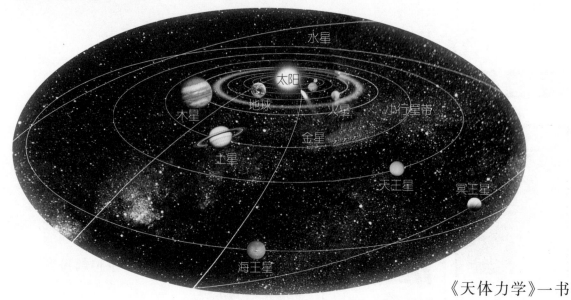

太阳系示意图ⓒ

《天体力学》一书中经常说,由方程甲"显而易见"可以得到方程乙。但是,研究它的人却往往要花上好几天才能弄明白它为何如此"显而易见"。据说,拿破仑翻遍全书,注意到它从未提到上帝,拉普拉斯则说:"我不需要这个假设。"

　　1846年海王星的发现标志着经典天体力学已趋成熟。19世纪中叶以后,新发现的大量小行星迫切需要迅速计算出正确的轨道,航海和大地测量需要有更精确的月球运动理论和行星运动理论,这些都推动着天体力学的继续发展。在这方面,法国科学家昂利·庞加莱的成就最为卓著。他创立了天体力学的定性理论,发展了摄动理论以及天体形状和自转理论,并因此——尤其是对探讨三体问题的贡献,而于1889年荣获瑞典国王奥斯卡二世的奖金。此后,他相继出版了《天体力学新方法》和《天体力学讲义》两部著作,总结了拉普拉斯之后天体力学的全部新成果。《天体力学新方法》共3卷,于1892—1899年问世。20世纪初,他在巴黎大学讲课的教材《天体力学讲义》,也分3卷于1905—1910年出齐。这些著作论述精辟,分析严谨,成为天体力学领域中影响深远的学术经典。

法国科学家昂利·庞加莱Ⓦ

1801年

皮亚齐发现第一颗小行星

天王星同太阳的距离与按照提丢斯—波得定则推算的非常接近（见"1781年 威廉·赫歇尔发现天王星"篇），促使以德国西贝尔格天文台台长弗朗兹·克萨韦尔·冯·扎克为首的一群天文学家下决心彻底搜索那颗在火星轨道和木星轨道之间"失踪的行星"。正当他们准备上阵时，意大利天文学家皮亚齐却已经捷足先登。

意大利天文学家皮亚齐Ⓦ

皮亚齐生于1746年。当时的那不勒斯是一个独立的小王国，政府委派皮亚齐在西西里岛上的主要城市巴勒莫建造一座天文台。他为此到英国考察，却不慎从赫歇尔那架大望远镜的梯子上摔下来，跌断了一条胳膊。

1801年元旦之夜，皮亚齐在巴勒莫天文台进行观测时，偶然发现一颗星表中没有记载的8等星。接下来的几个晚上，它在群星间的位置有所移动，它的运动要比火星慢得多，又比木星快得多，所以很像是在火星和木星之间的一颗行星。但到了2月中旬，它在天空中已经过于靠近太阳，观测只好中止。后来，它就失踪了。

DELLA SCOPERTA

DEL NUOVO PIANETA

CERERE FERDINANDEA

OTTAVO TRA I PRIMARI DEL NOSTRO SISTEMA
SOLARE.

PALERMO
1802

NELLA STAMPERIA REALE.

皮亚齐在1802年出版的这部著作中概述了谷神星的发现过程Ⓦ

正好，这时年方24岁的德国数学家高斯刚创立一种根据3次合适的观测确定天体运动轨道的方法。高斯利用皮亚齐的观测数据，推算出这个新天体的轨道，对它的位置作出预告，使人们重新找到了这颗星。它确实是在火星和木星的轨道之间，与太阳的平均距离为2.77天文单位，同提丢斯—波得定则预言的2.8天文单位非常接近。皮亚齐用古罗马神话中西西里岛的保护神、收获女神塞雷斯的名字命名这个新天体，

汉语定名为"谷神星"。但它的"个子"太小了,与"行星"的称号很不般配,因而就被称为"小行星"。谷神星是第1号小行星,也是最大的小行星,直径约1000千米。

重新找回谷神星的,是德国人奥伯斯。他生于1758年,大学毕业后在不来梅行医,但他总是在天文观测中度过一个又一个夜晚,还把自己住所的上层变成了一座天文台。他于1802年发现了第2号小行星"智神星",其公转轨道与谷神星非常相似;1807年他又发现了第4号小行星"灶神星"。此外,德国天文学家哈丁还在1804年发现了第3号小行星"婚神星",它距离太阳比谷神星和智神星稍近:不是2.77而是2.67天文单位。直到1840年奥伯斯逝世,已知的小行星依然只有这4颗。但随着观测方法的不断进步,新发现的小行星就越来越多了。多数小行星都位于火星轨道和木星轨道之间,形成了一个小行星带。后来,人们将第1000号小行星命名为"皮亚齐",第1001号小行星命名为"高斯",第1002号则命名为"奥伯斯"。

小行星三例 (1)第243号小行星艾达长60千米,是首先被发现拥有一颗卫星的小行星;(2)第951号小行星加斯普拉直径18千米,富含与地球上类似的硅酸盐岩石;(3)第4号小行星灶神星是最大的小行星之一,直径500千米,其南极有一个巨大的陨击坑。Ⓑ

1814 年
夫琅禾费发现太阳光谱中的暗线

1666年,牛顿用棱镜将太阳光分解形成了光谱。1802年,英国科学家沃拉斯顿将小孔改用细缝,发现太阳光谱中有7条暗线,并误以为它们是各种颜色之间的自然边界。接下来的重大发现,是德国光学家夫琅禾费作出的。

夫琅禾费生于1787年,曾跟一个光学技师当学徒。他改进了多种光学仪器,并且第一个用光栅——一组密集排列的间隔很小的细丝——代替棱镜,使白光色散形成光谱。此后,在玻璃或金属上刻有大量细密平行线的更加精致的光栅,就取代了棱镜在光谱学中的地位。

1814年,夫琅禾费发明了一种简单的分光镜:让太阳光通过一条极细

夫琅禾费在展示他的分光镜W

的狭缝,再经过一块光栅,最后用一架望远镜检测由此得到的光谱。他发现太阳光谱中存在着大量的暗线,并认识到不管光线是直接来自太阳,还是来自月球和行星的反射,这些暗线在光谱中的位置总是固定的。夫琅禾费绘制成一份包含576条暗线的图表,并用字母A、B、C、a、b、c……标记那些主要的谱线,日后它们被称为"夫琅禾费线",太阳光谱也被称为"夫琅禾费光谱"。这些暗线的性质和起源,引起了19世纪科学家们的广泛兴趣。

1826年,夫琅禾费因肺结核不治身亡,当时还不到40岁。

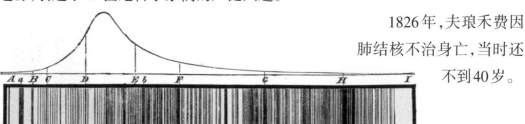

夫琅禾费1814年画的太阳光谱图　图中标出324条暗线,日后的事实证明此类"夫琅禾费线"乃是获得太阳和其他恒星的巨量信息之关键。P

1824 年
夫琅禾费创制带转仪钟的折射望远镜

　　18世纪中期消色差透镜问世后,由于制备大块均匀优质的玻璃困难重重,其口径长期未能突破10厘米。19世纪初,瑞士工匠吉南德从多方面改进了光学玻璃制造工艺。1824年,德国光学家夫琅禾费发展了吉南德的方法,制成一个直径24厘米的优质消色差透镜,并用它建成一架焦距4.3米的折射望远镜。这架当时世上最大最好的折射望远镜,起初安装在俄国的多尔巴特(今属爱沙尼亚)天文台,后又安装在圣彼得堡南边的普尔科沃天文台。

瑞士工匠吉南德Ⓦ

　　由于地球自转,天体总是在东升西落。早先,要让望远镜始终对准观测目标,并不是一件容易的事情。夫琅禾费这架折射望远镜的一大创新,就是装上了一种恰好能够补偿地球自转的设备——它本质上是一套钟表机构,称为"转仪钟"。观测者可以将望远镜调节到对准观测目标并予以固定,然后就靠转仪钟自动跟踪。这种带转仪钟的望远镜,再配上动丝测微器,可以使观测精度达到0.01″左右。转仪钟的诞生是望远镜机械结构上的长足进步,19世纪30年代末,俄国天文学家瓦西里·斯特鲁维就是用夫琅禾费制造的这架望远镜测出了织女星的视差。

夫琅禾费带转仪钟的口径24厘米赤道式消色差折射望远镜Ⓢ

1838 年
贝塞尔成功测出恒星视差

地球环绕太阳公转,必然会引起恒星的视差位移——简称"视差"。早在 16 世纪,哥白尼已经意识到,恒星离我们过于遥远,其视差必定小得无法探测。英国天文学家布拉德雷在探测恒星视差的过程中于 1728 年发现光行差,又于 1747 年发现地轴章动,但测量视差本身却未成功。

德国不来梅市的贝塞尔雕像①

在统计意义上说,从地球上看来越亮的恒星,或是自行越大的恒星,应该离我们越近;另外,两颗子星角间距越大而互相绕转的周期却越短的双星系统,也应离我们越近。这些都应该作为检测恒星视差的优先目标。19 世纪中期,天文望远镜测量角距离的精度已达 0.01″,为测定恒星视差创造了很有利的条件。

恒星视差示意图　(右)相距 6 个月的观测,基线长度是日地平均距离的 2 倍,即 2 个天文单位。(左和中)通常总是通过对比不同时刻拍摄的照片来测定视差。Ⓑ

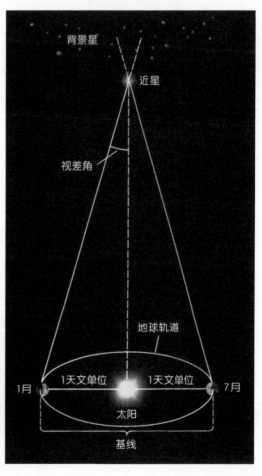

背景星

近星

视差角

地球轨道

1月　1天文单位　1天文单位　7月

太阳

基线

1月所见　　　　7月所见

德裔俄国天文学家瓦西里·斯特鲁维ⓦ

首先取得突破的是德国天文学家贝塞尔。贝塞尔生于1784年，他自学天文学，20岁时重新计算了哈雷彗星的轨道，由此在一个天文台谋得了职位。1810年，普鲁士国王委派贝塞尔主管柯尼斯堡天文台的建设。贝塞尔直到去世一直是这个天文台的台长。1837年，他选择天鹅座61星进行观测。因为它不仅是当时所知自行最大的恒星——每年移动5.2″，而且还是两颗子星间距颇大的双星。1年以后，贝塞尔终于肯定天鹅座61星的位置确实在细微地变化，而且变化的方式恰与视差位移吻合。1838年12月，他宣布天鹅座61星的视差是0.31″。后世更精确的测量值是0.294″，相应的距离约为11.2光年。

常常会有这样的情形，科学家们长期束手无策的难题，几乎同时被几个人解决了。两年之内，苏格兰天文学家亨德森和德裔俄国天文学家瓦西里·斯特鲁维也各自测出了一颗恒星的视差。亨德森生于1798年，1831年被任命为好望角天文台台长。这为他提供了观测位于南部天空的全天第三亮星半人马座α星（中名"南门二"）的机会。此星的自行达每年3.7″，而且是子星间距很大的短周期双星。亨德森成功地测出了它的视差。事实上，半人马座α是迄今所知最近的恒星，距离太阳4.3光年。它实际上由3颗星组成，其中离我们最近的一颗又小又暗，是1915年才发现的，称为比邻星。亨德森其实在贝塞尔之前就完成了计算，但他直到1839年才发表，而优先权则属于最先公布结果的人。

瓦西里·斯特鲁维生于1793年，担任地处圣彼得堡南面的普尔科沃天文台台长达20余年之久。他于1840年宣布测得天空中的第五亮星织女星的视差为0.26″，这比今天的公认值大了一倍。斯特鲁维家族一连四代出了6位著名天文学家，瓦西里本人是其中的第一位。

这种基于三角学原理测得的视差称为"三角视差"。三角视差值揭示了恒星的真实距离，为日后恒星天文学的发展奠定了基础。从此，人们心目中的宇宙尺度又大大地扩展了。到20世纪中期，已经测出三角视差的恒星约有6000颗，测量的距离远至约100光年，相当于约1 000 000 000 000 000（1千万亿）千米。

1840 年
德雷珀拍摄成功第一张天文照片

　　19世纪30年代，法国艺术家、发明家达盖尔发明一种银版照相技术，利用接受光照后分解较快的碘化银作为感光材料，曝光30分钟光景即可成像，世称达盖尔型照相术。1839年，旅美英国化学家约翰·德雷珀用白粉涂抹了试验者的脸，曝光7分钟后获得了一张可以辨别的照片。接着，他把这项新技术推向了天空。

英国—美国化学家
约翰·德雷珀Ⓦ

　　1840年，德雷珀用达盖尔型照相术曝光20分钟，拍摄成功一幅月球照片。这是有史以来的第一幅天文照片，开启了在天文观测中用照相底片代替人眼作为接收器的先河。

　　1850年，美国哈佛大学天文台的威廉·邦德和乔治·邦德父子在一位专业摄影师的帮助下，采用达盖尔型湿片，拍摄织女星照片获得成功。这是天文学史上的第一张恒星照片。1851年，在伦敦万国工业博览会上，他们送展的月球照片因其逼真引起了巨大的轰动。

　　1851年，英国发明家阿切尔发明珂罗酊法照相术，使曝光时间大为缩短，且可以拍摄很清晰的细节。1865年，乔治·邦德指出，一颗恒星越亮，在照相底片上所成的像就越大，因此可以用这样的照片来估计恒星的星等。1872年，约翰·德雷珀之子亨利·德雷珀拍摄织女星光谱获得成功，这是恒星的第一张光谱照片。照相术对于天体物理学的发展作用巨大，直到20世纪70年代以后，电荷耦合器件——即CCD成为天文观测的主要探测器，天文照相技术才逐渐退出历史舞台。

1851年伦敦万国工业博览会上美国哈佛大学送展的月球照片Ⓑ

1843年
施瓦贝发现太阳黑子周期

德国人施瓦贝生于1789年,本是一名药剂师,业余爱好天文学。特定的工作时间使他只能在白天从事天文研究。他希望自己能在太阳附近发现一颗新的行星,当它从日面前方经过时逮住它。

一张盖有纪念施瓦贝诞生200周年邮戳的德国明信片Ⓨ

1825年,施瓦贝开始观测太阳,但除了太阳黑子以外什么也没发现。从1826年开始,他每逢晴天都坚持使用一架小望远镜描绘太阳黑子图,一直描了17年!最后,他于1843年宣称,太阳黑子数以10年为周期而增减。但直到1851年德国大科学家洪堡在其巨著《宇宙》中提到这一发现,它才引起人们的关注。

1852年,瑞士天文学家沃尔夫分析自1610年以来的所有黑子观测资料,推算出黑子周期平均约为11.1年。几乎与此同时,德国天文学家拉蒙特发现,地磁强度的升降也有10年左右的变化周期,与太阳黑子周期恰好相符。此外,人们还陆续发现地球磁暴活动、极光盛衰等都与太阳黑子周期有关。20世纪人们逐渐领悟到这类联系的本质在于,太阳黑子的盛衰表征了太阳活动的强弱,并通过太阳发出的电磁辐射和带电粒子对地球造成影响。

接下来该谈到英国人卡林顿了。卡林顿生于1826年,1844年进入剑桥大学,原先想当部长。但是,那些天文学讲座把他迷住了。他建了一座私人天文台,在1853—1861年间,就像从前的施瓦贝那样勤勉地观测日面上的黑子,并通过跟踪黑子在日面上的移动来研究太阳的

德国天文学家拉蒙特Ⓦ

自转。他发现,太阳在赤道附近自转最快,大约25天便自转一周;日面纬度较高处则自转较慢,纬度45°处约需27天半才自转一周。可见,太阳不会是一个固态的实体。他还发现,在一个太阳黑子活动周期中,随着时间的推移,黑子出现的平均日面纬度从约±35°逐渐转变到约±8°为止。

德国天文学家斯波勒进一步证实了卡林顿的见解,于1894年提出如下的黑子分布规律:黑子大多

德国天文学家斯波勒

分布在日面纬度±45°之间的区域内;每个黑子周期开始时,黑子常出现在纬度±30°附近;黑子最多时,常出现在±15°附近;黑子周期将要结束时,黑子常出现在日面纬度±8°附近,并在那里消失。在前一周期的黑子尚未完全消失之际,后一周期的黑子已开始在纬度±30°附近出现。后来,这一规律就被称为斯波勒定律。1914年,英国天文学家蒙德首先绘图表示黑子日面纬度分布随时间的变化。这种图形犹如一对对蝴蝶,故称"蝴蝶图"。它实际上是斯波勒定律的形象化描述。

此外,蒙德早在1894年就探讨了1645—1715年间太阳上极少出现黑子的现象。1976年,美国天文学家埃迪再次确认这一现象的客观性,并称其为"蒙德极小期"。埃迪指出近7000年来,太阳活动的水平经历了一系列的极小期和极大期,蒙德极小期只是其中之一。埃迪还认为太阳活动的11年周期是近几百年才有的,而不是一种基本规律。这些论点在国际天文界引起的争论至今尚未平息。

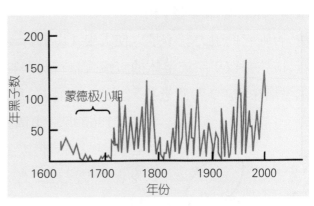

黑子周期和蒙德极小期

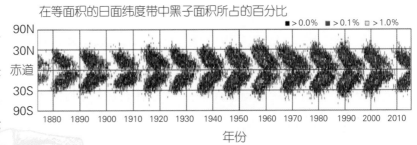

近140年来的"蝴蝶图" 图中使用的数据是太阳每自转一周中各天黑子面积的平均值。

1844 年

贝塞尔预言天狼星有一颗暗伴星

德国天文学家贝塞尔于 1838 年成功测定天鹅座 61 星的视差位移之后，又尝试测量全天最亮的恒星天狼星（大犬座α）的视差。出乎意料的是，他于 1844 年发现，天狼星的自行轨迹不是直线，而是一条略呈波浪形的曲线，这不可能是视差造成的。

天狼 A 星和 B 星 （左）在可见光波段天狼 A 星是夜空中最亮的恒星，其光辉彻底压倒了左下方的天狼 B 星；（右）在 X 射线波段天狼 B 星却比右上方的 A 星更亮。Ⓝ

贝塞尔猜想，也许天狼星是一个双星系统的成员，其伴星（称为天狼 B 星）的质量应该与天狼星本身（称为天狼 A 星）相仿，否则它的引力就不足以使天狼 A 星的行动如此"出轨"。天狼星的波浪式自行，应该是双星系统整体的直线式自行与两颗子星互相绕转的综合效果。贝塞尔没能在天狼 A 星附近找到这样一颗伴星，所以猜测它一定很暗。

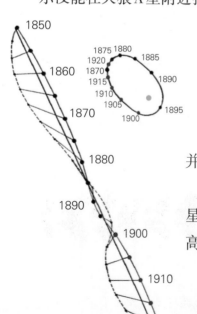

1862 年，美国望远镜制造家阿尔万·克拉克父子俩在检测一架即将竣工的口径 47 厘米的折射望远镜时，发现天狼星近旁有一个微弱的光点，就位于那颗伴星应该在的地方，由此证实了贝塞尔的预言。贝塞尔还曾预言另一颗亮星南河三（小犬座α）也有一颗暗伴星，并在 1892 年为观测所证实。

1915 年，美国天文学家沃尔特·亚当斯获得了天狼 B 星的光谱，发现它与天狼星本身相仿，呈白色，表面温度高达 8000K，比太阳更热。但是，它的光度却仅为天狼星

天狼星的波浪式运动 每 5 年标示一次天狼 A 星（实线）和 B 星（虚线）的位置，它们公共的引力中心沿直线前行。右上方的小图示意天狼 B 星相对于 A 星的运动。Ⓑ

的万分之一。这种温度很高但光度很低的恒星称为白矮星。在温度一定的情况下,恒星的光度——即其发光能力——是与星体的表面积成正比的。白矮星的低光度说明星体的表面积很小,其半径比地球大不了多少。一颗体积那么小、质量又那么大的恒星,物质密度必定就异乎寻常地高,例如超过1吨/厘米^3!

1931年沃尔特·亚当斯(后排左一)与爱因斯坦(前排中)、密立根(前排右一)等人合影

那时,人们普遍认同原子的结构是:原子中央有一个携带着大部分原子质量和全部正电荷的核,外围的电子带负电荷并各沿一定的轨道环绕原子核旋转。在天狼B星这样的白矮星中,原子被压碎了,原子核彼此之间挨得很近,所有的电子仿佛为全体原子核共同拥有。此时的电子都处在一种特殊的状态下,称为"简并态",它们组成的所谓"简并电子气体"具有一种特殊的力量——称为"简并电子压",足以对抗星体自身巨大的引力,从而使白矮星维持稳定的平衡。

1924年,英国天文学家爱丁顿指出,根据爱因斯坦创建的广义相对论,在天狼B星表面如此强大的引力场中,那里的光谱线同地球上的光谱线相比,就应显示出可察觉的向光谱红端位移——即光谱线的引力红移。1925年,亚当斯用当时世上最大的威尔逊山天文台口径2.54米的反射望远镜拍摄天狼B星的光谱,果然发现了光谱线的这种引力红移。这既肯定了白矮星这样的致密天体确实存在,也为广义相对论提供了重要的观测检验。

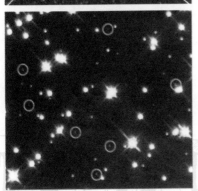

球状星团M4中的白矮星 M4是离地球最近的球状星团,其成员星数超过10万颗。上图是地面望远镜拍摄的M4照片,下图是哈勃空间望远镜拍摄的M4局部——其尺度约0.6光年。图中用小圆圈标出7颗白矮星,估计M4中白矮星的总数多达4万颗。ⓒ

1846年

发现海王星的曲折历程

300多年前，牛顿发现了万有引力定律。利用它来推算行星的运动，可以准确地预告火星、木星、土星等在天空中的位置。1781年英国天文学家威廉·赫歇尔发现天王星之后，人们同样运用牛顿的理论来推算它的位置，结果却老是跟观测不太相符。天文学家为此伤透了脑筋。

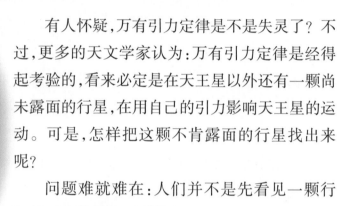

英国天文学家约翰·库奇·亚当斯Ⓦ

有人怀疑，万有引力定律是不是失灵了？不过，更多的天文学家认为：万有引力定律是经得起考验的，看来必定是在天王星以外还有一颗尚未露面的行星，在用自己的引力影响天王星的运动。可是，怎样把这颗不肯露面的行星找出来呢？

问题难就难在：人们并不是先看见一颗行星，然后来推算它对其他行星的影响，而是要根据天王星的古怪行径——也就是未知行星的引力影响，反过来找到这颗未知的行星。很多天文学家都不敢贸然把时间和精力投向这个也许无法解决的问题。然而，谁也料想不到，竟有两位年轻人各自独立地攻克了这道难关。他们就是英国天文学家约翰·库奇·亚当斯和法国天文学家勒威耶。

亚当斯生于1819年，从小喜爱数学，20岁进入著名的剑桥大学。1841年7月3日，这位22岁的优等生在日记中写道："拟在获得学位后立即着手研究天王星运动的不规则性，以查明它是否起因于天王星外面一颗尚未发现的行星的干扰。"勒威耶生于1811年，他起初从事化学研究，并发表过一些优秀的天文学论文。巴黎天文台台长

法国天文学家勒威耶Ⓦ

阿拉戈看出勒威耶很有才干,就鼓励他挑起解决天王星运动反常问题的重担。就这样,两位年轻人开始了一场真正的科学竞赛。而有趣的是,他俩谁都不知道在别的国家有一个跟自己竞争的对手。

德国天文学家加勒⑩

亚当斯经过将近两年的计算,推算出了未知行星的轨道和质量,但没有写成正式的论文。1845年10月,他满怀希望地把计算结果送呈英国皇家天文学家艾里。可惜,艾里没有认真对待。亚当斯留下的说明,就一直躺在艾里的抽屉里。8个月以后,勒威耶也完成了自己的计算。他于1846年6月和8月先后写成两篇论文,寄给欧洲一些重要的天文学家。艾里收到勒威耶的第一篇论文后,惊奇地发现它同亚当斯早先的计算结果几乎完全一致! 于是艾里连忙请剑桥天文台台长查利斯用天文望远镜开展搜索,但是查利斯的工作进行相当缓慢。

9月23日那天,德国柏林天文台的天文学家加勒收到勒威耶请求用天文望远镜进行搜索的来信。当晚,加勒就和助手达雷斯特一起把望远镜指向勒威耶指定的那片天空。他们果然找到了这颗"捉迷藏"的行星,它在宝瓶座中的位置同勒威耶的预言只差1°左右。第二天晚上,他们再次核对,证明自己的发现正确无误。9月25日,加勒写信给勒威耶,宣布了这个激动人心的消息:"您给我们指出位置的那颗行星是真实存在的。"直到这时,艾里才后悔自己不该怀疑亚当斯对新行星位置的推算和预告。查利斯也很懊丧:两个月来他已经两次记录下这颗新行星的位置,却没有及时分析,而把它错当成恒星了。

阿拉戈提议将新行星命名为"勒威耶",但是勒威耶谦虚地拒绝了。人们根据用希腊神话人物命名行星的惯例,用大海之神的名字将这颗行星命名为纳普顿,汉语中就叫做"海王星"。它那美丽的蓝色,正好同大海相配。海王星当时的行踪,是亚当斯和勒威耶用笔和纸计算出来的,所以它常被称为"在笔尖上发现的行星"。英国的维多利亚女王为了表彰亚当斯的功绩,打算向他授予爵位。

德国天文学家达雷斯特⑩

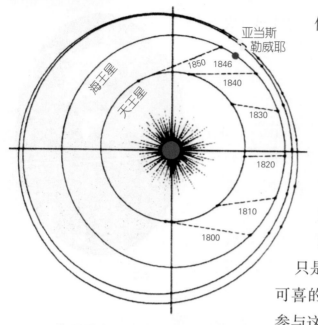

海王星在1846年所处的位置⊙

但是亚当斯婉言谢绝了,他说:"这是科学巨人牛顿曾经获得的荣誉,我同牛顿是无法相比的。"

英国和法国的科学家为发现海王星的优先权展开了激烈的争论。阿拉戈盛赞勒威耶"为祖国争得了光辉,为子孙赢来了荣誉"。英国著名天文学家约翰·赫歇尔则发表公开信,声称勒威耶只是重复了亚当斯早已完成的计算。可喜的是,亚当斯和勒威耶本人都没有参与这场争吵。他们为共同的事业作出贡献,后来成了好朋友。

海王星是太阳系的第八颗行星,同太阳的距离约为地球到太阳距离的30倍,公转一周需要花费164.8年。从1846年被发现直到2011年,它才刚刚绕太阳转完一圈。海王星的发现不仅使天王星的运动得到了合理的解释,而且使万有引力定律和天体力学理论再次经受了强有力的观测检验。

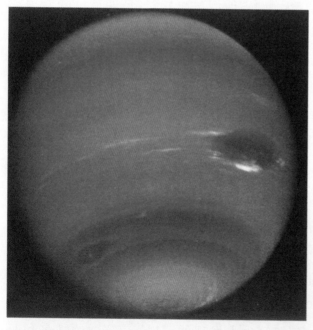

"旅行者2号"宇宙飞船于1989年拍摄的海王星近景 (左)在距离海王星约100万千米处所摄,(右)分辨率约为10千米的局部照片显示出许多宽50—200千米的云纹。Ⓦ

*1859*年
基尔霍夫发现光谱学基本定律

古希腊哲学家亚里士多德注意到,地上的物体沿着直线往下掉,天上的群星却沿着很大的圆周东升西落;地上的物体通常都不发光,天上的物体——太阳和星星却都会发光……于是他断言,天界必定由与地上不同的特殊物质组成。这种观点究竟对不对,当然要用科学的证据来回答。

19世纪前期,法国哲学家奥古斯特·孔德曾说:"恒星的化学组成是人类永远无法知道的。"他认为,想知道一样东西的化学成分,你就要在实验室里对它进行化验;然而,你却永远无法把星星拿到地球上来做化验。但是,他错了!

德国物理学家古斯塔夫·罗伯特·基尔霍夫Ⓦ

19世纪中叶,德国物理学家古斯塔夫·罗伯特·基尔霍夫和德国化学家罗伯特·本生合作,发现每种化学元素加热到白炽时都会产生自己特有的明亮光谱线,它们仿佛是元素的"指纹"。比如,白炽的钠蒸气会产生两条彼此靠得很近的黄色谱线。从某种意义上说,任何物质的基本组成都可以由光谱学来测定。人们只要分析太阳或其他恒星的光谱,就可以知道它们的化学成分。基尔霍夫和本生于1860年5月用光谱分析法在某种矿泉水中发现了新的化学元素"铯",这个名称源自拉丁语,原意是"天蓝色",因为它有两条美丽的蓝色光谱线。1861年2月,他们又发现了新元素"铷"。光谱分析法的成功,使它获得了"化学家的神奇眼睛"之雅称。

早在1859年,基尔霍夫用本生前几年发明的"本生灯"的火焰烧灼

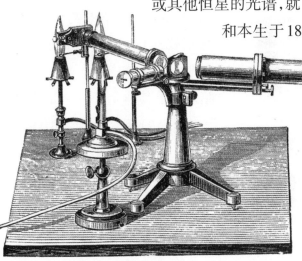

基尔霍夫和本生使用棱镜制造的分光镜Ⓦ

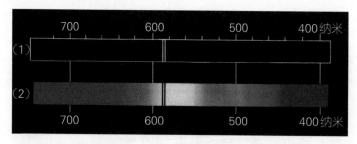

钠的D1和D2线 (1)钠的这两条特征发射线位于光谱的黄色区域,(2)在吸收线谱中它们位于与(1)严格相同的位置上。⑧

食盐——氯化钠,光谱中出现了钠元素那两条明亮的黄线。他使太阳光通过含食盐的灯焰进入分光镜,结果发现当阳光较弱时黄色的明线仍然存在,但当阳光很强时明线消失,并在同一位置上出现暗线,而且暗线的位置恰与太阳光谱中夫琅禾费标记的D1、D2线重合。当他用白炽灯替代太阳时,发现这两条暗线照样存在。

据此,基尔霍夫总结得出了如下的基本定律:(1)炽热的固体、液体或高压气体产生连续光谱;(2)高温低压气体产生明线光谱,即发射线谱;(3)处于炽热的连续光谱源和观察者之间的低温低压气体产生吸收线谱,即连续光谱上叠加若干暗线。后来,它们就称为基尔霍夫光谱学三定律。

基尔霍夫发现,当光束通过某种冷气体时,冷气体所吸收的那些光的波长,正好等同于将这种气体加热到白炽状态时所发出的明亮光谱线的波长。这使人们逐渐明白了,太阳外围较冷的大气会吸收太阳本体发出的光,于是太阳光谱中就有了那些暗线。D1和D2线的存在表明太阳大气中存在钠,其他暗线则是其他元素——如铁、钙、镍等的示踪谱线。19世纪末,人们从太阳光谱中辨认出的元素已达39种。这些重大成就,促使年轻的天体物理学逐渐成了现代天文学的主流。

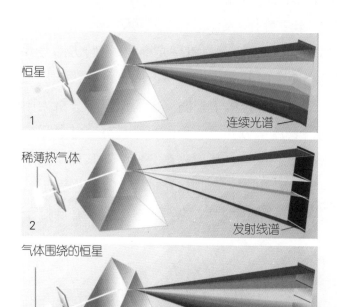

三种不同的光谱 (1)连续光谱,(2)发射线谱和(3)吸收线谱。⑧

1864 年

哈金斯发现气体星云

英国天文学家哈金斯1824年出生于伦敦，年轻时对显微技术很感兴趣，但后来对探索宇宙奥秘的热情胜过了一切。他是最早掌握基尔霍夫光谱学思想的少数人之一，也是将它广泛应用于天文学研究的一位先驱者。

自从天文望远镜发明以来，人们发现天空中有许多雾状的"星云"。然而，这些星云究竟是由弥漫气体构成的"云雾"，还是远得无法分辨的大量恒星的集合体，却一直困扰着天文学家。1864年，哈金斯观测天龙座行星状星云的光谱，发现其中有几条氢的光谱线。但是，有一条奇怪的绿线，却无法辨认属于哪一种元素。哈金斯推想，它很可能是气体星云中特有的某种未知元素——哈金斯称它为"氢"——发出的。不过，在60多年之后，美国天文学家鲍恩终于查明，所谓的"氢线"其实是由二次电离的氧产生的，"氢"这种元素

英国天文学家哈金斯Ⓦ

其实并不存在。哈金斯到1868年已经观测了约70个星云的光谱，判明其中约有1/3确实是真正的气体星云，其余2/3则可能是未能分辨的恒星集团——直到20世纪20年代，美国天文学家哈勃才彻底揭示了这类星云的本质。

再说自古以来人类有着大量的彗星记录，但彗星的组成成分却令人无法捉摸。1864年，意大利天文学家多纳蒂用分光镜观测彗星光谱，发现彗星不但反射太阳光，而且本身也发光。1866年、1867年和1868年，哈金斯接连观测3颗彗星的光谱，证实它们的光谱中都有碳氢化合物的发射带，这是在地球以外首次找到碳氧分子的踪迹。后来，人们对彗星的了解逐渐深入，认识到彗尾主要有两大类：Ⅰ型彗尾由离子气体组成，因为有一氧化碳离子的发射而呈蓝色，称为"离子彗尾"或"气体彗尾"，太阳风对离子施加的强大斥力，使得离子彗尾几乎笔直地背向太阳伸展；Ⅱ型彗尾主要由尘埃组成，呈黄白色，称为"尘埃彗尾"，由被太阳光压推开去的微尘构成，或多或少弯曲地背向太阳延伸。

1997年初出现的海尔—波普彗星　20世纪最明亮的彗星之一。蓝色的气体彗尾背向太阳沿直线往外伸展，尘埃粒子反射白光形成一条稍稍弯曲的尘埃彗尾。地景是中国科学院北京天文台（今国家天文台）兴隆观测基地。Ⓑ

哈金斯最辉煌的业绩，要从奥地利物理学家多普勒在1842年阐明的下述现象说起：当声源向着观察者驶来时，声波的波长因为受"压缩"而变短，这使观察者听到的音调变高；相反，当声源远离观察者而去时，声波的波长因为受"拉伸"而变长，观察者听到的音调就会降低。这种现象称为"多普勒效应"。原则上，多普勒效应同样也适用于光波：恒星的颜色将因为它沿着观测者视线方向运动的速度——即视向速度——的不同而发生不同程度的变化。但是实际上，恒星运动的速度要比光速小得多，因此它的运动并不足以导致星光的颜色发生任何可察觉的变化。1848年，法国物理学家菲佐指出：观测光波的多普勒效应，最好的办法是测量光谱线位置的微小移动。当恒星朝向我们前来时，其光波的波长变短，于是光谱线向光谱的紫端移动，即发生"紫移"；反之，当恒星远离我们而去时，光谱线向光谱的红端移动，即发生"红移"。

　　根据光谱线位移的程度，就可以推算出一颗星的视向速度。1868年，哈金斯首先通过观测天狼星光谱线的位移，推断它正在远离地球而去。尽管日后证明他的具体测量结果并不准确，但是根据光谱线的红移或紫移测定视向速度的方法，却是现代天文学史上一块极其重要的里程碑。根据光谱线的位移直接确定的视向速度，与恒星距离的远近无关，正是通过极其遥远的河外星系的视向速度，天文学家才逐渐揭开了有关宇宙起源和演化的神秘面纱。

奥地利物理学家克里斯琴·多普勒 1843—1847 年在布拉格的旧居铭牌Ⓦ

 1868 年
让桑和洛克耶发现"太阳元素"氦

在日全食时往往可以看到，在被月球完全遮蔽的太阳四周，有一些火焰似的突出物，它们称为"日珥"。日珥究竟是什么呢？早在19世纪中期，科学家就在认真思考这个问题了。

1860年7月16日，西班牙发生日全食。许多天文学家都拿着分光仪观察日珥的光谱，想知道它是不是含有什么特殊的物质。可惜，那次日全食时间很短，人们还没来得及搞清楚，日食已经结束了。科学家们只能等待下一次日全食的来临。

1868年8月18日，在印度的孟加拉湾附近，有一次观测条件比较好的日全食。法国天文学家皮埃尔·让桑带着分光镜赶往当地进行观测。他把分光镜对准日珥，看到了光谱中的几条亮线。一条红线和一条蓝线显然是氢的光谱线。另外

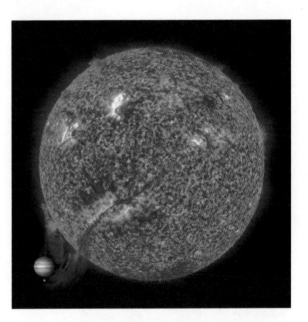

日珥是突出日面边缘的一种太阳活动现象　日珥主要存在于日冕中，下部常与色球相连，其主要成分是氢。左下方的木星和地球衬托出太阳的大小。Ⓦ

还有一条陌生的黄线，与钠原子光谱中的D1和D2两条黄线相当靠近，但它并不是钠的谱线。这条奇特的黄线，究竟意味着什么呢？

短暂的日全食过去了。让桑在想，既然这条黄线是如此之强，那么在不发生日全食的时候把分光仪对准日珥所在的位置，说不定也还能看到它。第二天，让桑把分光镜再次对准太阳边缘的同一位置，果然又看到了日珥的那些发射线，其中波长为587.6纳米的那条黄线依然故我！让桑确认自己没有弄错，于是立即写了一封信，寄往法国科学院。信在路上走了两个多月，直至10月26日才到达巴黎。

恰好就在这同一天，法国科学院还收到了另外一封信。那是英国天文学家约瑟夫·诺尔曼·洛克耶于10月20日寄出的，信中报告了同样的发现。这两封信引起了法国科学院的高度重视。

英国天文学家洛克耶　　法国天文学家让桑

当时，地球上所有已知元素的光谱都不具有这样一条奇特的黄线。这意味着人类又找到了一种前所未知的新元素。它不是在地球上，而是利用光谱分析首先在太阳上发现的。洛克耶为这种元素取名为helium，它源自古希腊语中的"太阳"一词，helium的意思也就是"太阳元素"，在汉语中定名为"氦"。为了纪念元素氦的发现，法国科学院还特地制作了一种金质纪念章。

苏格兰化学家拉姆赛漫画形象

那么，地球上有没有氦呢？此后的20多年，许多化学家想尽各种办法在地球上寻找"太阳元素"。一直到27年以后，苏格兰化学家拉姆赛终于在1895年通过光谱分析，在地球上的钇铀矿中找到了氦。1898年，又在空气中找到了它。氦的发现史充分显示了光谱分析法的威力，并再次雄辩地表明，宇宙间的物质具有高度的统一性。

后来，拉姆赛在一次讲演中风趣地说："寻找氦，使我想起了老教授找眼镜的笑话。他拼命在地下找，在桌子上找，在报纸下面找，找来找去，原来眼镜就搁在自己的额头上。氦也被找了很久，而它就在空气中。"此时，当初首先发现"太阳元素"的让桑和洛克耶都还健在。1904年，拉姆赛因研究惰性气体成就卓著而荣获诺贝尔化学奖。

1877 年

斯基亚帕雷利宣称火星表面有沟道特征

　　火星和地球,每隔15年到17年,就有一次彼此特别接近的时候,这叫做火星大冲。大冲时,火星与地球的距离可以近到约5600万千米。1877年火星大冲期间,发生了两件重要的事情。第一件是美国天文学家阿萨夫·霍尔发现了火星有两颗小小的卫星,第二件是意大利天文学家斯基亚帕雷利宣称看到了火星表面有沟道特征。

　　阿萨夫·霍尔生于1829年,13岁时父亲去世,他不得不辍学去当木工学徒来养活家人。后来,他靠坚持不懈的自学成了天文学家。1863年,34岁的霍尔被任命为美国海军天文台的天文学教授。那时,人们还不清楚火星究竟有没有卫星。美国海军天文台有一架口径66厘米的折射望远镜,是当时世界上第一流的。1877年8月初,霍尔开始用这架望远镜在火星周围搜寻或许存在的卫星。他的视线有计划地逐渐往火星表面靠近。到8月11日,他的搜索范

美国天文学家阿萨夫·霍尔Ⓦ

围已经非常靠近火星,以至于火星本身的光辉对他的观测造成了干扰。他回到家里,沮丧地告诉妻子,看来只能放弃了。但是霍尔夫人说:"再试一个夜晚吧。"正是那一个晚上,霍尔在火星旁边发现了一个小小的、正在运动的天体。云来了,霍尔被迫熬过了揪心的5天,才等来再次观测的机会。8月16日,他终于肯定自己发现了一颗卫星。17日又找到了另一颗。这两颗形如马铃薯的卫星都非常小,火卫一的长度只有27千米,火卫二更小,长度仅15千米。

　　斯基亚帕雷利的发现更加有趣。他通过大量观测绘制了很详细的火星图,上面有许多狭窄的暗线连接着一些较大的暗区。他觉得这很像海峡连通着大海,就用意大利语把那些暗线称为canali,意为"沟道",同它对应的英语词汇应该是channels。孰料人们把canali译成英语时,却误译成了canals,即"运河"。"沟道"可以是任何天然的狭窄水域,运河却是人为的工程。如果火星上有运河,那

意大利天文学家斯基亚帕雷利Ⓦ

美国天文学家珀西瓦尔·洛厄尔Ⓦ

就一定有修建这些运河的文明种族。在这之后,关于火星文明的争论变得日渐激烈。

赞成火星上有运河的天文学家中,最有影响的是美国人珀西瓦尔·洛厄尔。洛厄尔出生名门,家财富有。1894年火星再次大冲时,他特地在亚利桑那州一处天文观测条件优越的地方建造了一座装备精良的私人天文台。洛厄尔在那里用15年的时间拍摄了数以千计的火星照片,并据此绘制了包含500多条"运河"的火星详图。他相信火星上存在智慧生命,并以火星运河为题材写了两本书,极受读者欢迎。直到将近70年之后,人类向火星发射的探测器才通过实地考察最终证明,火星"运河"其实并不存在,它们只是视觉错误造成的假象。

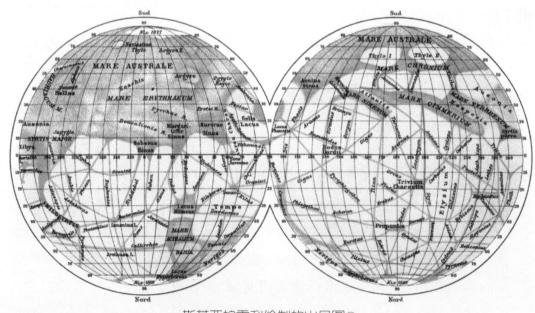

斯基亚帕雷利绘制的火星图①

哈勃空间望远镜拍摄的蝴蝶星云(NGC 6302)ℕ

1888年

德雷耶尔《星云星团新总表》出版

18世纪的法国天文学家梅西叶是一个"彗星迷"。他为了避免将天空中的各种云雾状天体误认为彗星，便不辞辛劳地将它们的位置和形态一一记录下来，于1781年发表了著名的《梅西叶星云星团表》。表中刊载的天体记为M1、M2、M3等，统称梅西叶天体。其实，它们包含了3类截然不同的对象：星云、星团和星系。例如，蟹状星云M1是一个气体星云，武仙座中的M13是一个巨大的球状星团，仙女座大星云M31则是一个与银河系相仿的星系，即仙女星系。事实证明，梅西叶表对于人类认识宇宙所起的作用，已远远超越了编表者的初衷。

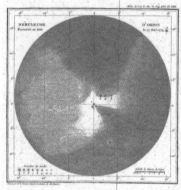

猎户座大星云　猎户座中构成"宝剑"的那3颗星的第2颗，其实是一个著名的亮星云，即猎户座大星云M42，又称NGC 1976。它距离太阳约1400光年，直径约16光年。左图是梅西叶当初的手绘图，右图是现代拍摄的彩照。左Ⓦ右Ⓝ

18世纪末，英国天文学家威廉·赫歇尔和卡罗琳·赫歇尔兄妹发现的星云和星团超过了3000个，而人们以前所知的这类天体总共还不到150个。威廉的儿子约翰·赫歇尔也是出色的天文学家，他于1864年发表的《星云总表》包含5079个天体，其中不少是他本人的新发现。后来，《星云总表》由丹麦裔英国天文学家德雷耶尔重新整理、增订，于1888年出版了《星云星团新总表》，简称NGC星表，共载有非恒星状的天体7840个；1895年和1908年先后发表两个续编，简称IC星表，载有非恒星状天体5366个。NGC和IC星表反映了19世纪用望远镜目视观测星云和星团的最高水平，其中的天体编号一直沿用至今。后来查明，这些天体大多是河外星系，少数是银河系内的星团和星云。

哈勃空间望远镜拍摄的星团NGC 1850Ⓝ

1890 年
《亨利·德雷珀恒星光谱表》问世

用分光镜和光谱仪可以获得大量恒星的光谱，不同恒星的光谱往往有相当大的差异。正如生物学家对五花八门的动物或植物进行分类一样，天文学家也对恒星光谱做了分类工作。有人认为分类法"可能是发现世界秩序的最简单的方法"，这话确有道理。

意大利天文学家塞奇是恒星光谱分类的先驱。塞奇生于1818年，职业是神父，但对天文学作出不少重要贡献。1868年，他公布了一份包含约4000颗恒星的星表，表中将这些恒星按光谱分成四类。第一类的光谱中只有极少几条谱线；第二类的光谱与太阳光谱十分相似；第三类的光谱中出现明暗相间的宽阔光谱带，它们向着红端逐渐减弱；第四类恒星的光谱特征与第三类正好相反，在红端呈现出宽阔的光谱带，朝向紫端逐渐减弱。恒星光谱的种种差异，反映了不同类型恒星的化学组成、

坐落在罗马的意大利天文学家塞奇纪念像①

物理状况和年龄各不相同。塞奇开创的恒星光谱分类，日后导致了有关恒星演化的想法。它在科学史上的意义，有如林奈的物种分类导致了物种进化学说。

19世纪末，恒星光谱分类已经非常精细。美国哈佛大学天文台在台长爱德华·查尔斯·皮克林领导下，开始了一项宏伟的

塞奇的恒星光谱分类　1870年前后一部书中的彩色图版，自上而下依次示意塞奇分类为Ⅰ至Ⅳ型的恒星光谱。Ⓦ

109

美国哈佛大学天文台台长皮克林Ⓦ

美国天文学家亨利·德雷珀Ⓦ

恒星光谱巡天计划。1889年1月,他们完成了观测纲要的第一部分,由633张照相底片构成。美国天文学家弗莱明女士完成了检测光谱、进行分类以及估计星等的繁重任务,于1890年以《亨利·德雷珀恒星光谱表》为题刊布结果,简称HD星表。美国天文学家亨利·德雷珀是约翰·德雷珀的儿子,生于1837年,1861年自建一座天文台,对天体光谱研究作出不少贡献。可惜他因肺炎而早逝,年仅45岁。他的遗孀在哈佛大学天文台建立了亨利·德雷珀纪念馆,以供进一步研究恒星光谱。HD星表问世时,德雷珀已经去世8年了。

HD星表在塞奇分类的基础上,进而将赤纬−25°以北亮于8等的1万余颗恒星分为许多亚型,依次用A~Q(J除外)的16个大写英文字母标记。1901年,哈佛大学天文台的坎农女士对弗莱明的分类作了重要的增订。她减少了分类数目,用O型代表最热的恒星,将B型放在A型之前,如此等等,使恒星光谱的基本序列变为O、B、A、F、G、K、M,从而建立了一个谱线特征连续演变的序列,基本上反映了恒星表面温度从高到低的渐变。为了便于记忆,说英语的人编了一句趣话:Oh! Be A Fair Girl, Kiss Me! 其中每个词的第一个字母恰好与上述光谱型序列相同。全句译成中文就是:"啊,好一个仙女,吻我

美国天文学家威廉明娜·弗莱明Ⓦ

哈佛大学天文台台长皮克林聘用的女员工们对恒星光谱分类作出了卓越贡献Ⓦ

吧!"每个光谱型又分成10个次型,例如从B型过渡到A型便有B0,B1,B2,…B9,它们的光谱特征依次连续变化。这就是非常有名的"哈佛分类法",如今人们依然在广泛地应用它。到1924年,以哈佛分类法为基础的HD星表包含了225300颗恒星的光谱型和光度资料,它们至今依然具有很高的科学价值。

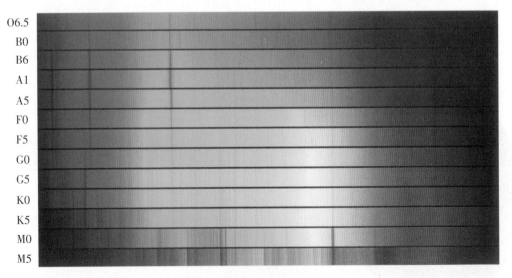

恒星光谱的主要类型 上部是年轻的热蓝星(O、B型)光谱,中部是太阳型恒星(G型)光谱,下部是矮星和冷的红巨星(K、M型)的光谱。出于历史原因,天文学家至今仍将O、B型称为"早型",K、M型则称为"晚型"。Ⓝ

1897 年
叶凯士望远镜落成

美国人阿尔万·克拉克生于1804年，以肖像画为业。他热爱天文学，渴望磨制透镜，甚至关闭了画室。他与几子阿尔万·格雷厄姆·克拉克开设了一家工厂。1870年，美国海军天文台向他们订制一架口径66厘米的折射望远镜，其透镜重达45千克，镜身长13米。1877年，美国天文学家霍尔用它发现了火星的两颗卫星。

口径91厘米的利克望远镜⑩

美国金融家詹姆士·利克赚了不少钱。他想为自己树碑立传，便在1874年宣称将留下70万美元——这在当时远比现在值钱得多，用来建造一架世界上最大的折射望远镜。工作主要由小克拉克承担，14年后，这架口径91厘米、长18.3米的"利克望远镜"正式启用时，老克拉克在几个月前刚刚故世。利克本人也在几年前去世了，根据他的要求，他的遗体埋葬在安装望远镜的基墩里。望远镜所在的天文台就命名为利克天文台。

美国的南加利福尼亚大学想要一架比利克望远镜更好的折射望远镜，便要小克拉克定制一块直径达102厘米的巨大透镜。但是，在克拉克为研制这块透镜花费了2万美元之后，这所大学却无法筹齐资金而毁约了。克拉克顿时陷入了灾难

美国望远镜制造家阿尔万·克拉克(左)和阿尔万·格雷厄姆·克拉克父子⑩

性的窘境。这时,年轻的天文学家乔治·埃勒里·海尔前来解围了。

海尔生于1868年,当时是芝加哥大学天体物理学助理教授。他获悉金融家叶凯士用不很正当的手段赚得了巨额钱财,就决心要利用这种不义之财来发展科学。从1892年起,他就盯上了叶凯士。海尔意志坚强又娴于辞令。在他的不断游说下,叶凯士不由得为造一架世上最大的折射望远镜而把钱一点一点掏出了腰包。

海尔在芝加哥西北约130千米处选好一个地点,建造叶凯士天文台。那块直径102厘米的透镜重达230千克,装在一架长逾18米

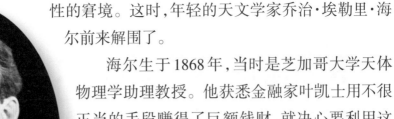

美国天文学家乔治·埃勒里·海尔Ⓦ

的望远镜里。整个望远镜重达18吨,但是平衡极佳,用很小的推力就可以让它自如地转动。1897年5月21日,这架折射望远镜首次启用。小克拉克在目睹这一辉煌胜利之后3个星期去世了。今天,叶凯士望远镜和利克望远镜依然是折射望远镜的世界冠军和亚军。

折射望远镜达到了巅峰,但路也走到了尽头。首先,极难得到尺寸很大又完美无瑕的光学玻璃来做透镜,20世纪的技术进展并未使造出一块超越叶凯士望远镜的透镜玻璃变得更容易些。其次,因为光线必须透过整块玻璃,所以透镜只能在边缘上支承,得不到支撑的透镜中央部分就会往下凹陷,整块透镜就会变形,透镜的尺寸越大问题就越严重。因此,日后所有的巨型天文望远镜就全都是反射望远镜了。

2006年拍摄的叶凯士望远镜Ⓦ

1904 年
海尔创建威尔逊山天文台

美国天文学家海尔对天文学有许多突出贡献，1897年叶凯士望远镜的建成只是其中之一。早在1891年，23岁的海尔就发明了"太阳单色光照相仪"，并于第二年成功地拍摄了太阳单色像，首次在非日食时拍下了日珥照片，发现了太阳色球层中明亮的"谱斑"。

1904年，海尔开始在美国加利福尼亚州海拔1742米的威尔逊山上筹建一个太阳观象台，那里的大气清洁、稳定，对天文观测相当有利。后来这里就称为威尔逊山天文台，海尔亲任台长，直到1923年因病退休，继续担任名誉台长。1908年，海尔在威尔逊山天文台建成当时世上最大的反射望远镜，其口径达1.52米。

同时，他对太阳的研究也取得了一系列重要成果。例如，根据太阳黑子周围的旋涡状结构，推断那里必定存在着磁场；根据黑子光谱线的分裂，推算出那里的磁场强度等。

口径1.52米的反射望远镜建成后，海尔又说服洛杉矶商人胡克出资，建造一架世上最大的反射望远镜。胡克为使这项"世界纪录"更加牢靠，甚至主动要求增加捐款，把望远镜做得更大。1918年，海尔主持建造的"胡克望远镜"在威尔逊山天文台正式启用，其口径为2.54米（正好100英寸），重达90吨，操作却相当方便，能以很高的精度跟踪被观测的目标。在整整30年中，它始终保持着反射望远镜世界冠军的称号。

威尔逊山的2.54米（100英寸）胡克望远镜①

1912 年

莱维特发现造父变星的周光关系

1784年，英国聋哑青年天文学家古德里克发现仙王座δ星的亮度正在非常有规律地变化，它从最暗变到最亮再回复到最暗的周期是5.37天。这颗星中国古称"造父一"，亮度变化规律与它相似的变星就称为"造父变星"，它们的光变周期大多在1—50天之间。20世纪初，美国女天文学家莱维特对这类变星作出了一个极重要的发现。

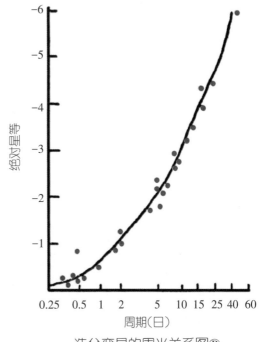

美国女天文学家莱维特在哈佛大学天文台工作Ⓦ

莱维特生于1868年7月4日美国国庆节那天，1892年毕业于后称拉德克利夫学院的那所学校，后来到哈佛大学天文台工作。哈佛大学天文台在秘鲁的阿雷基帕设有一个观测站，莱维特曾多年在那里用照相方法观测研究大麦哲伦星云（简称"大麦云"）和小麦哲伦星云（简称"小麦云"）中的变星。1908年，她在《哈佛年鉴》上发表一项初步研究结果：小麦云中的一些变星，亮度越大的光变周期就越长。1912年，她又发表一篇十分重要的后续论文"小麦哲伦云中25颗变星的周期"，公布了小麦云内25颗变星的光变周期和视星等资料，并正式提出这些变星的视星等同光变周期的对数存在正比关系。

小麦云本身的大小同它到地球的距离相比是很小的，因此可以认为小麦云中所有的天体到地球的距离都大致相等。这就如同所有在北京的人——无论

造父变星的周光关系图Ⓑ

位于杜鹃座中的小麦哲伦星云◎

是在天安门广场还是在八达岭长城,到上海的距离大致都相等。于是,小麦云中这25颗变星的光变周期同视星等的关系,也就体现了它们的光变周期与光度(用绝对星等表示)的关系——这称为周光关系。实际上,莱维特研究的这些变星都是造父变星。倘若所有的造父变星都遵从同样的周光关系,那么只要测出任何一颗造父变星的距离,就可以由光变周期同视星等的关系推导出真正的周光关系了。这就称为确定造父变星周光关系的零点。

即使离我们最近的造父变星也还是太远,很难用通常的三角视差法测定它的距离。不过,天文学家还有其他办法。例如丹麦天文学家赫兹普龙就用某种巧妙的方法定出了一颗造父变星的距离。1915年,美国天文学家沙普利使用银河系中11颗造父变星的自行和视向速度资料,推算出了它们的距离,造父变星周光关系的零点也就随之确定。以后,在任何一个未知距离的遥远天体系统中,只要能根据光变特征辨认出一颗造父变星,就可以通过周光关系确定它的绝对星等;再进一步同它的视星等相比较,便可知晓此天体系统的距离了。

发现造父变星的周光关系,为测定遥远天体的距离提供了有效的方法,人们关于宇宙尺度的知识随之迅速增长。1921年莱维特死于癌症,但科学界对此多不知情。甚至直到1924年,还有科学家提名她为1926年度诺贝尔物理学奖候选人。但按规定,诺贝尔奖不授予已故人士,莱维特也就与此无缘了。

1913 年
罗素刊布恒星光谱—光度图

　　恒星不仅有亮有暗,而且颜色也各有差异,这起因于它们具有不同的表面温度。在日常生活中,也有许多例子表明颜色往往和温度有关。比如随着温度的升高,铜锭的颜色由黑色变得暗红;温度再升高,颜色又变成红里透黄;然后,又变得发白;温度进一步升高,铜水就沸腾了……

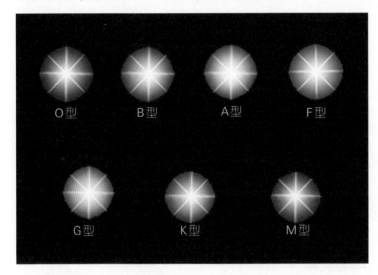

O型　B型　A型　F型

G型　K型　M型

恒星光谱的哈佛分类系统:一颗恒星的颜色取决于它的温度　温度最高的恒星呈蓝白色,温度最低的显出橘红色。恒星的光谱主要分成O、B、A、F、G、K和M七种类型,其中O型最热,M型最冷,同时每一种光谱型还分为从0到9十个次型(从热到冷);太阳光谱属于G2型。⑧

　　对恒星光谱进行仔细的分析,可以精确地确定恒星的颜色,并进而推算出它的表面温度。例如,有的星以发射蓝色光为主,因而呈蓝色,叫做蓝星;有的星以发射红色光为主,因而呈红色,叫做红星,如此等等。下面列出一些著名恒星的颜色和表面温度:

恒星名称	颜色	表面温度(开)
某些高温星	蓝	30 000
织女星、天狼星	蓝白	10 000
牛郎星	白	8000
北极星	黄白	6800
太阳	黄	5800
大角星	橙	4400
心宿二、参宿四	红	3600

　　太阳的表面温度约5800开,是一颗黄星。这就是说,在太阳发出的光中,黄

美国天文学家亨利·诺里斯·罗素

光所占的比例较大。实际上,太阳不仅发出人眼能看见的各种颜色的光,而且还发出人眼看不见的无线电波以及红外线、紫外线甚至X射线。将来自恒星的光分解成光谱,测出光谱中不同波长处的能量分布,再与不同温度的标准物体——即"黑体"——的光谱能量分布相比较,就可以推断恒星的表面温度了。

天文学家发现:一般说来,表面温度高的恒星发光能力也强,即恒星的"光度"大;表面温度低的恒星发光能力也低,即恒星的"光度"小。换句话说,O型星的绝对星等数值最小,M型星的绝对星等数值最大。这也可以用图示的方法来表现。如果用横坐标代表恒星的表面温度,并且注明相应的光谱型,纵坐标代表恒星的光度,用绝对星等表示,那么根据一颗恒星的光谱型和它的绝对星等数值,就可以确定它在图上应该居于什么位置了。

在天文学中,光度大的恒星称为"巨星",光度小的恒星称为"矮星"。20世纪初,丹麦天文学家赫兹普龙和美国天文学家罗素各自研究了恒星的光谱型与光度的关系,并且得到了基本一致的结果。1913年,罗素在"巨星与矮星"一文中

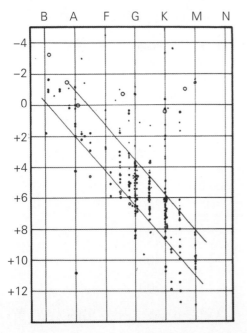

刊布了一幅光谱—光度图。每颗恒星按其表面温度和光度的数值,各在图上占有一个确定的位

丹麦天文学家赫兹普龙

亨利·罗素于1913年发表的恒星光谱—光度图
纵坐标是用绝对星等表示的恒星光度,横坐标是光谱型。从图中可以明显看出从左上方到右下方的主序,以及位于主序上方的巨星。

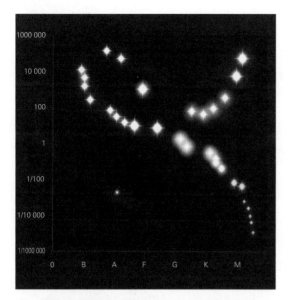

对20颗视亮度最大的恒星和20颗距离最近的恒星绘制的赫罗图　纵坐标是光度,以太阳光度为单位。Ⓑ

置。多数恒星的点子都分布在从左上方到右下方的一条对角线上,太阳差不多就在它的中部。这条对角线称为"主序"。落在主序上的恒星称为"主序星"。在图中,主序的右上方另有一条比较松散的横带,散布于其中的恒星是"巨星",它们的光度要比同样温度的主序星高很多。巨星的上方是一些光度特别大的星,称为"超巨星"。图的左下方是一些温度高、颜色白但光度却很小的恒星,称为"白矮星"。这种光谱—光度图起初被称为"罗素图",随着人们对赫兹普龙早期工作的了解逐渐加深,1933年以后便称为赫兹普龙—罗素图了,简称"赫罗图"。

揭开恒星演化之谜,是20世纪天文学乃至整个自然科学中最伟大的成就之一,赫罗图则为研究恒星演化奠定了基础。恒星一旦形成,就在赫罗图上占据了一个位置。质量比太阳大的恒星,光度大、温度高,进入主序的上部;质量和太阳相近的恒星,占据主序的中部;质量比太阳小的恒星,则进驻主序的下部。在主序阶段,恒星处于相对稳定的平衡状态。不同恒星处于主序阶段的时间长短各不相同:质量特别大的恒星像一只特大型的炉子,燃料很快就烧完了,恒星开始进入老年阶段;相反,小质量恒星的燃料消耗很慢,它们的"青壮年"时期就要长得多。恒星度过主序阶段后,在赫罗图上的位置便朝右上方移动到红巨星区域,最后又依不同的具体情况而各有不同的归宿,见"1939年 导出白矮星和中子星的质量上限"篇。

事实上,人类对赫罗图的理解不断深入的过程,也就是恒星演化理论不断发展的历程。赫罗图的建立乃是现代天体物理学史上一座伟大的丰碑。

船底座星云中有大量恒星正在诞生　左上方的小星云有个著名的外号,叫"上帝之指"。Ⓝ

1914 年
沃尔特·亚当斯等发现分光视差

1905年，丹麦天文学家林兹普龙指出可以根据恒星的光谱特征，来判断它是巨星还是矮星。后来，美国天文学家沃尔特·亚当斯又有了进一步的发现。

亚当斯出生于1876年。1923年美国天文界的领军人物海尔从威尔逊山天文台台长职位上退休，即由亚当斯继任。亚当斯的科学兴趣主要在于恒星光谱。1914年，他和德国天文学家科尔许特发现，同样光谱型的巨星和主序星，彼此的光谱仍有某些差异。其具体表现是：光谱中一些特定光谱线的强度之比，对于巨星和主序星有很大的差别。这表明，对于一种给定的光谱型来说，某些光谱线的强度比值同恒星的光度——即用绝对星等表示的恒星发光能力——之间存在着某种固定的关系。于是，天文学家通过观测恒星光谱，测定某些光谱线的强度比，再利用上述关系，就能粗略地估计出这颗恒星的绝对星等，最后再同它的视星等进行比较，又可以推算出这颗恒星的距离或视差。这种方法妙在仅仅观测恒星的光谱特征，就可以粗略地估算出恒星的距离或视差。由此得出的视差称为分光视差。分光视差法是人们最早发现可用来间接测定恒星距离的重要方法。

美国天文学家沃尔特·亚当斯ⓦ

球状星团半人马座ω中的红巨星 这幅照片整合了用可见光波段和斯皮策空间望远镜在红外波段拍摄的图像，后者对低温红巨星发出的光很敏感。照片上这些红巨星显示为黄色亮斑。Ⓝ

1915 年
卡尔·施瓦西解出球对称引力场方程

1916年5月16日，一位犹太富商的儿子、德国天文学家卡尔·施瓦西因罹患一种罕见的代谢失调而病逝，当时他还不满43岁。爱因斯坦在悼词中盛赞"他的著作仍然活着，并为他贡献了全部力量的这门科学带来硕果"。

卡尔·施瓦西是一位犹太富商的儿子，生于1873年，童年时代就爱上了天文学，全家对他很鼓励。16岁那年，施瓦西就发表了第一篇天文学论文。他于1901—1909年任格丁根大学教授和大学天文台台长，1909年任波茨坦天体物理台台长，1912年任柏林大学教授，同年当选为柏林科学院院士。第一次世界大战期间，施瓦西随炮兵部队驻扎在俄国前线期间，获悉了

德国天文学家卡尔·施瓦西Ⓦ

爱因斯坦关于广义相对论的研究工作，并且很快就认识到广义相对论对于天文学是多么重要。

运用广义相对论解决具体的天文学问题，往往需要运用各种数学技巧来解

格丁根大学的老天文台①

所谓的"引力场方程"。1915年12月22日，施瓦西从俄国前线给爱因斯坦写了一封信，告知自己已经求出"球对称静态引力场方程的严格解"。他写道"您瞧，战争是优待我的——尽管地球上炮火连天，却允许我在您的思维之国里进行这次散步。"施瓦西赞赏广义相对论"从这么一个抽象的观念出发，对水星的异常现象作出如此有说服力的解释，真是绝顶的妙不可言"。爱因斯坦很快给他写了回信，说"我以极大的兴趣通读了您的论文。我没有料到，这个题目的严格解可以如此简单地陈述。对你论文中解题的计算方式，我喜欢极了。"1916年1月13日，爱因斯坦把施瓦西的论文转呈普鲁士科学院。

"球对称静态引力场方程的严格解"准确地描述了各种球对称天体周围的引力场。后来，它又被称为施瓦西解，或称施瓦西度规。这个严格解在相对论天体物理学、特别是黑洞物理学中起着关键作用。施瓦西本人首先指出，在与大质量的或致密的天体靠近到某一距离时，这个天体的引力场就会强到使任何物质——甚至包括光在内——都不能逃逸。后来，这一距离就称为施瓦西半径。由施瓦西半径可以确定一个想象中的球面，称为事件视界，简称视界；这时，处于视界内的那个天体就称为施瓦西黑洞。"黑洞"这个名词的第一个字"黑"，表明它不向外界发射和反射任何光线或其他形式的电磁波，它是绝对"黑"的。第二个字"洞"，意思是说任何东西一旦进入它的边界就无法复出，它活像一个真正的"无底洞"。如果把整个太阳压缩成一个施瓦西黑洞，那么它的半径将会小到仅约3000米。假如有人问：用一盏威力巨大的探照灯向黑洞照去，它不就原形毕露了吗？不。射向黑洞的光无论有多强，都会被黑洞全部"吞噬"，而没有一点反射。"洞"，依然是"黑"的。

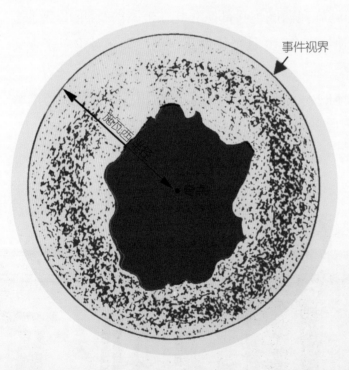

事件视界

施瓦西半径

奇点

球对称施瓦西黑洞示意图B

1917 年
爱因斯坦创立静态宇宙模型

　　1917年，爱因斯坦发表了题为"根据广义相对论对宇宙学所作的考查"的论文，从理论上开启了现代宇宙学的大门。文中提出了一种空间闭合的"静态宇宙模型"，静态的意思是整个宇宙既不膨胀，也不收缩，而是处于静止状态。

　　宇宙学从整体的角度来研究宇宙的结构、运动和演化，通常被认为是天文学的一个分支。古人谈论的宇宙，不外乎是大地和天空。哥白尼说"太阳是宇宙的中心"，意味着宇宙实质上就是太阳系。后来，人们又曾将银河系视为宇宙的同义词。进入20世纪之后，天文观测的尺度不断扩展。天文学家意识到，宇宙中物质的分布并不均匀。但是，爱因斯坦认识到："如果我们只是从大范围来研究它的结构，那么就可以把物质看作均匀散布在庞大的空间中……我们的做法很有点像大地测量学者那样，他们拿椭球面来近似作为在小范围内形状极其复杂的地球表面。"这种简化假设后来被称为"宇宙学原理"，并已得到大量天文观测结果的支持。

爱因斯坦在讲学（1921年）Ⓦ

荷兰天文学家德西特Ⓦ

　　那么，爱因斯坦当时为什么只考虑静态宇宙模型呢？他的依据是："恒星的相对速度比起光速来是非常小的。因此我相信，我们可以暂时把自

己的考虑建立在如下的近似假定上：存在这样一个坐标系，相对于它，物质可以看作保持静止。"当时爱因斯坦认为，为了让宇宙能够保持静止，就必须在他建立的广义相对论引力场方程中添加一个补充项，即"宇宙学项"；宇宙学项中包含一个用大写希腊字母Λ表示的常数，称为"宇宙学常数"。宇宙学项仿佛表征了某种"宇宙斥力"，同宇宙中全体物质的万有引力相抗衡，否则在持续不断的引力作用下，整个宇宙就无法保持静止了。

再说，也是在1917年，荷兰天文学家德西特在研究爱因斯坦的广义相对论引力场方程时，得出了一个不存在物质但包含宇宙学常数的膨胀宇宙解。几乎与此同时，俄国气象学家亚历山大·弗里德曼也进行了类似的探索，并于1922年发表了研究结果。弗里德曼在论文中提出了两个论点，对于现代宇宙学至关重要。首先，他将膨胀概念引入了宇宙模型；其次，他指出即使不包含宇宙学常数，爱因斯坦引力场方程的解也并不是唯一的。在有的情况下，宇宙会永远膨胀；而在另外的情况下，宇宙膨胀到一定程度后将会停止，并转为收缩。但在所有的模型中，都存在一个星系彼此间互相退离、而且退行速度同星系间的距离成正比的阶段。7年以后，弗里德曼的这一预言为美国天文学家哈勃发现的星系"红移—距离关系"——即哈勃定律所证实。可惜弗里德曼未能目睹这一天。1925年7月，他因参加高空气球飞行罹患肺炎，同年9月去世，年仅37岁。

爱因斯坦起初批评过弗里德曼的论文，但在1923年又承认批评不当。如今，弗里德曼建立的宇宙模型被称为"标准宇宙模型"。1929年，哈勃定律揭示了宇宙膨胀，此后爱因斯坦曾说："倘若哈勃的膨胀是在广义相对论创立的时期发现的，那就决不会引进宇宙学项了。"不管怎么说吧，在现代宇宙学的征途上跨出第一步的，就是爱因斯坦的论文"根据广义相对论对宇宙学所作的考查"。

俄国气象学家亚历山大·弗里德曼Ⓦ

1918 年
沙普利发现太阳不在银河系中心

天文学家们曾经以为太阳位于银河系中心附近。例如,1922 年荷兰天文学家卡普坦推断的银河系图景大致是:银盘的直径约 40 000 光年,太阳在银河系的中心。首先纠正这种错误的是美国天文学家沙普利。

斯皮策空间红外望远镜拍摄的棒旋星系 NGC 1097 图像　该星系距离我们约 5000 万光年,中央的"瞳孔"是一个巨大的黑洞,周围有气体(蓝色)和恒星(白色)环绕,长长的旋臂上恒星密布。银河系的形状同它非常相似。Ⓝ

沙普利出生于 1885 年,1913 年由著名天文学家罗素指导,在普林斯顿大学取得博士学位。1915—1920 年间,沙普利在威尔逊山天文台利用口径 2.54 米的胡克望远镜专门研究球状星团。星团有球状星团和疏散星团两大类。球状星团是巨大而密集的恒星集团,总体外观呈球状,包含的恒星数以万计,甚至上百万。疏散星团是稀疏、松散的恒星集合体,其外观形状不确定,包含的恒星多则几百颗,少的只有 20 来颗。沙普利感到蹊跷的是,当时已经发现的

球状星团大多聚集在天空中的一小块地方,其中有 1/3 集中在人马座这一个星座中。那么为什么在银河系的一边会有如此众多的球状星团,而另一边却那么稀少呢?

一个球状星团的总光度要比单颗恒星大

美国天文学家沙普利Ⓦ

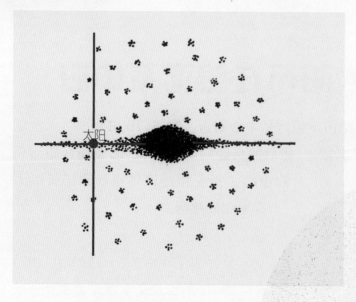

银河系中球状星团分布示意
图 图中每一小团黑点代表一
个球状星团。从太阳所在的位
置上看,右半边的球状星团比
左半边多得多。沙普利由此推
断太阳不在银河系中心。⑧

数十万倍,因而即使距离遥远也能被观测到。而且,每个球状星团中都有许多造
父变星。这就使沙普利能够利用造父变星的周光关系推算出这些球状星团的距
离,并确定它们在银河系中的真实分布。沙普利于1918年已经认识到:这些球
状星团似乎分布在一个中心点周围,而这个中心点就位于人马座方向上。

那个中心点又是什么呢? 它正是银河系的中心。球状星团在天空中的分
布之所以看起来偏于一边,是由于我们自己在银河系中偏于另一边造成的。沙
普利估计太阳到银河系中心的距离约为50 000光年。于是,当我们朝银河系中
心方向——即人马座方向看去时,我们的视线要穿越极厚的一层恒星才能抵达
银河系的边缘,而在与此相反的方向上则只要穿过较薄的一层恒星。但是,倘若
果真如此的话,那么夜空中的银河为什么各处都差不多一样亮呢?

原来,银河系内到处都有许多气体—尘埃云。它们像雾一样吸收光线,这叫
做星际消光。星际消光使人们无法看见银河系的中心,更无法看见银河系中心
另一侧的那些部分。我们看见的只是邻近我们的某个局部范围,而我们就位于
这个范围的中央。这就是银河在各个方向上看起来几乎都一样亮的原因。现在
我们知道:银河系的直径约为85 000光年,太阳差不多位于银河系的对称平面
上,与银河系中心相距约26 000光年。沙普利当时不知道星际消光的存在,因而
高估了太阳到银河系中心的距离。尽管如此,他却很明确地把太阳从银河系的
中心挪开了。这不仅更符合实际情况,而且进一步动摇了人类中心论的地位,因
而在自然观发展史上具有很重要的意义。

1919 年
日全食观测证实光线的引力偏折

　　有人说,广义相对论是理论家的天堂,也是实验家的地狱。它的理论表述优美,但以实验验证它却极其困难。这座天堂是爱因斯坦建造的,它有一项天文学验证就是光线在引力场中的偏转。

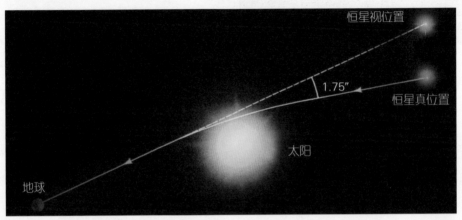

恒星视位置

1.75″

恒星真位置

太阳

地球

广义相对论的一项重要验证——光线在引力场中的偏折⑧

　　早在1911年,爱因斯坦就发表"关于引力对光线传播的影响"一文,阐述了相对论引力理论的基本原理。其关键在于:光也有惯性,当星光从太阳附近掠过时,就会受到太阳的巨大引力作用,从而必然会发生偏折。1914年8月,德国天文学家弗罗因德里希率队前往俄国的克里米亚半岛,打算利用那儿即将发生的日全食良机,来测量天穹上太阳附近的恒星位置,并与同一些恒星在几个月之前或之后的位置进行比较;根据位置的差异,便可以检验爱因斯坦的理论是否可靠。

　　但是,第一次世界大战爆发了。弗罗因德里希刚到俄国不久,俄德两国就进入了交战状态。可怜的弗罗因德里希被抓了起来,后来在交换战俘时被遣送回国。1916年,爱因斯坦运用自己新建立的广义相对论,重新算出光线经过太阳引力场的偏转角度应该是1.75″。当然,还是需要利用日全食的良机进行验证。1919年,第一次世界大战刚结束不久,英国便一马当先派出了两支日食考察队。

　　英国和德国在大战中是敌对国。英国率先派考察队去验证"敌国科学家"的理论,应该归功于20世纪最出色的学者之一阿瑟·斯坦利·爱丁顿。当时爱丁顿是英国剑桥大学天文学教授兼英国皇家天文学会学术秘书。他研究爱因斯坦新理论的巨大热情深深打动了皇家天文学家戴森,使戴森决定立即采取行动。

非洲西部的普林西比岛ⓒ

1919年5月29日日全食带横越大西洋两岸。戴森派出两支观测队,一支前往南美洲的索布腊尔,一支由爱丁顿亲率前往非洲西部的普林西比岛。在离开欧洲的前夜,爱丁顿远征队的成员科廷姆曾问戴森:"假如测出的光线偏转是爱因斯坦预言值的两倍,那该怎么办呢?"戴森深知爱丁顿相信广义相对论是真理,便诙谐地答道:"那时爱丁顿将会发疯,你就得一个人回来了。"

爱丁顿一行于4月23日抵达普林西比岛。天文学家们最担心的是天空中出现乌云,使人们根本见不到太阳!后来爱丁顿写道:"日食那天,天气极为不利。日食开始时,透过云层勉强可以看见日冕环绕着的黑暗日轮,宛如往常于无星之夜透过云层所见的月亮一般。此刻别无他法,只有照原计划进行……"结果,他们在日全食的302秒钟内拍摄了16张照片。其中只有一张,有5颗恒星成像良好。据此求得的光线偏转值是1.61″,误差范围是0.30″。索布腊尔远征队有7张照片质量良好,由此求得在太阳表面处光线的偏转角为1.98″,误差范围是0.12″。综合考虑两个队所得的结果,与广义相对论的预言值1.75″相当吻合。同年11月6日,英国皇家学会和皇家天文学会在伦敦举行联席会议,听取两个日食观测队的正式报告。主持会议的皇家学会会长、电子的发现者汤姆孙教授说:"爱因斯坦的相对论是人类思想史上最伟大的成就之一——也许是最最伟大的成就……这不是发现一个孤岛,这是发现了新的科学思想的新大陆。"

1919年日全食时爱丁顿小组在普林西比岛拍摄的照片 画面上用短线指示出几个恒星像。Ⓦ

爱因斯坦却不像其他科学家那么激动。他把爱丁顿发来的日食观测电报递给自己的学生罗森塔尔—施奈德看,并且非常平静地说道:"我知道这个理论是正确的。"这位学生随即问道,要是他的预言未被证实,那又会怎样呢?爱因斯坦的回答是:"那么我将为亲爱的上帝感到遗憾——这个理论是正确的。"

1924 年
哈勃确认 M31 和 M33 是河外星系

19世纪中叶,由业余爱好者成为天文学家的爱尔兰贵族、第三代罗斯伯爵决心超越威廉·赫歇尔,建造一架世界上最大的金属镜面反射望远镜。

第三代罗斯伯爵的口径184厘米的金属镜面反射望远镜Ⓦ

第三代罗斯伯爵这架口径184厘米的望远镜于1845年2月落成,它的镜筒长达17米,看起来活像一尊巨炮。同年3月,罗斯开始用这架望远镜观测著名的《梅西叶星云星团表》中列出的天体。他发现表中的1号天体M1形状很不规则,其中贯穿着许多明亮的细线,外观宛如一只螃蟹,这就是著名的"蟹状星云"。罗斯又发现星云M51具有某种旋涡状的结构,它就是人类确认的首例"旋涡星云"。此后罗斯又陆续发现10多个旋涡星云,可见这类天体其实相当普遍。旋涡星云的光谱同普通恒星的光谱很相似,但即使用19世纪最好的天文望远镜也无法分辨出其中的单颗恒星。因此,它们的本质使天文学家困惑了大半个世纪。

人类发现的首例旋涡星云 M51 （左）罗斯伯爵1845年的素描,（右）现代拍摄的照片。（左）Ⓦ（右）Ⓝ

直到20世纪的头20年，天文学家对于银河系的大小，对于旋涡星云究竟是位于银河系内，还是处于银河系外，依然众说纷纭。为此，在威尔逊山天文台台长海尔推动下，美国国家科学院于1920年4月26日特地举办了一场著名的"宇宙尺度"报告会，观点对立的双方都是当时天文学界的"大腕"：希伯·道斯特·柯蒂斯和哈洛·沙普利。柯蒂斯主张"这些旋涡星云不是银河系内的天体，而是像我们自己的银河系那样的庞大恒星系统；作为银河系外的恒星系统，这些旋涡星云向我们展示了一个（比先前想象的）更为宏大的宇宙，我们的目光贯穿其中的距离也许可达1000万乃至1亿光年。"沙普利拒绝这一结论，并坚持认为没有理由"去修改当前的假设，即旋涡星云根本不是由典型的恒星构成，而是真正的星云状天体。"

事实上，争论的双方各有对错。沙普利推测的银河系尺度是太大了，但他认为太阳不在银河系中心的观点完全正确；柯蒂斯认为旋涡星云是远在银河系以外的庞大恒星集团，后来为许多观测所证实。双方将这些重大问题上的主要分歧梳理、表达得很清晰，为日后真正解决这些问题创造了有利条件。

旋涡星云本质之争，未能分出胜负的主要原因之一，是缺乏测量星云距离的可靠手段。彻底解开这个谜团的，是杰出的美国天文学家哈勃。哈勃1889年出生于一个律师家庭，16岁那年获得奖学金赴芝加哥大学就读。在那里，他深受

位于美国威斯康星州威廉斯贝的叶凯士天文台Ⓦ

三角座旋涡星云M33（今称三角座星系）①

仙女星系M31Ⓝ

海尔的影响，激起了对天文学的强烈兴趣。1914年，哈勃前往叶凯士天文台，成为天文学家埃德温·布朗特·弗罗斯特的助手和研究生，于1917年取得博士学位。海尔注意到哈勃的天文观测才能，便建议他去威尔逊山天文台工作。但当时第一次世界大战尚未结束，哈勃应征入伍，战后一度留驻德国。1919年10月，哈勃回到美国，随即赴威尔逊山与海尔共事，这年他正好30岁。

20世纪20年代初，哈勃在威尔逊山天文台利用当时世上最大的口径2.54米胡克望远镜，拍摄了一些旋涡星云的照片，终于在仙女座大星云的外围区域和另外几个旋涡星云的边缘部分辨认出一批造父变星。他进而根据造父变星的光变周期，推算出它们的绝对星等，再把绝对星等和视星等进行比较，求得这些造父变星与我们的距离，这样也就知道了它们所在的旋涡星云的距离。

1925年元旦，在美国天文学会和美国科学促进会联合召开的一次会议上，宣布哈勃得到了下述结果：仙女座大星云M31和三角座旋涡星云M33的距离均远达90万光年。因为银河系的直径仅约10万光年，所以M31和M33必定远远位于银河系之外。哈勃本人并未到会，但他递交的论文却分享了这次会议的最佳论文奖。多年以后，一位当年与会的天文学家回忆道，哈勃的论文一经宣读，整个美国天文学会当即明白，关于旋涡星云的辩论业已告终，宇宙学的一个启蒙时代已经开始。

宇宙学是把宇宙作为一个整体来研究其结构、成分、起源和演化的科学。先前，这主要是理论家们的天地。哈勃则开辟了一条全新的研究途径，即观测宇宙学。从此，观测天文学家可以沿着两条路线继续前进：一是详细研究单个星系的性质，一是综合研究大量星系的空间分布与运动特征。在这两个方面，哈勃本人都是一位光彩夺目的先驱者。

1926年
哈勃创建河外星云形态分类序列

将大量的研究对象进行分类,是科学研究的一种重要方法。在生物学中,动植物的分类是大家都熟悉的。在天文学中,哈勃的星云分类也是突出的一例。

1922年,美国天文学家哈勃将星云分为"银河星云"和"非银河星云"两大类,它们又各分为若干次类。1926年,他建立了更完善的河外星云形态分类体系,并于1936年在《星云世界》一书中发表了著名的"星云形态序列图"。这个图形状很像音叉,因而常称为"音叉图":一条叉臂由正常旋涡星云(标记为S)构成,它们按星云旋臂的展开程度和核球的大小细分为Sa、Sb和Sc几个亚型。另一条叉臂由中心部分具有某种棒状结构的棒旋星云(标记为SB)构成,它们也按旋臂的展开程度和核的大小分为SBa、SBb和SBc等亚型。椭圆

中文版《星云世界的水手——哈勃传》封面(上海科技教育出版社,2000年12月)⑤

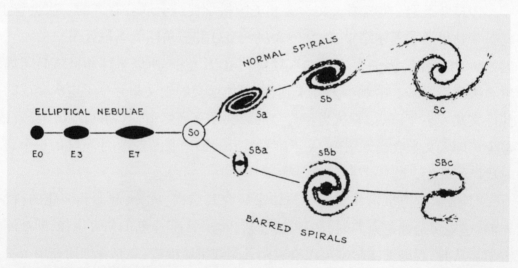

哈勃在《星云世界》一书中首次发表的"星云形态序列"原图 "音叉"之柄为椭圆星云,上一叉臂是正常旋涡星云,下一叉臂是棒旋星云。①

星云(标记为E)形成叉柄,并按自圆而扁依次分为E0-E7共8个亚型,球形的E0处于底端,瘦长的E7位于柄与叉臂交接处的下方。在柄与臂的交接处,是当时多少还带有一些猜测性的S0星云。此外,还有一类外观没有规律的"不规则星云",它们仅占全体星云总数的3%。正常旋涡星系、棒旋星系和椭圆星系则统称为"规则星云",约占星云总数的97%。在哈勃的时代广泛使用的术语"河外星云"("河外"的意思就是"在银河系之外"),多年后渐渐被更恰当的新名称"河外星系"(常简称"星系")取代了。哈勃的星云形态分类序列却一直沿用到了今天,如今它被称为"星系形态的哈勃序列"。而且,人们果然发现了曾被哈勃猜测存在的S0型星系,并正式称它们为"透镜状星系"。

位于仙女座中的旋涡星系NGC 891　直径约10万光年,距离约3000万光年,几乎完全以侧面向着地球。①

　　哈勃序列在纷繁庞杂的星系王国中引入了秩序,它表明众多的星系乃是同一家族中互有联系的成员。他的星系形态序列,仿佛是为人们在这个神奇世界中提供了一幅寻胜探幽的导游图。哈勃本人曾经说过:"星云是孤立于太空之中的恒星群,它们在宇宙中漂泊,犹如夏日天空中飞动着的蜂群,越过其边界,可以一直看到宇宙中遥远的地方。"现在已知,亮于和等于23星等的河外星系总数多达10亿以上。早先,天文学家曾以为我们的银河系是一个正常旋涡星系,但现已查明它其实是一个棒旋星系。

　　哈勃当初曾经将椭圆星云称为"早型星云",将旋涡星云称为"晚型星云"。"早"和"晚"暗示着对星云年龄的猜测。总的说来,椭圆星系比较红一些,旋涡星系则比较蓝,这表明椭圆星系的年龄通常比旋涡星系更大。然而,实际情况却复杂得多,星系究竟如何演化,依赖于它们形成时的初始条件和所处的环境。查明星系形成和演化的具体过程,正是21世纪天文学家面临的一项重要任务。

1926 年
爱丁顿《恒星内部结构》出版

英国天文学家爱丁顿Ⓦ

恒星——包括太阳,总是在不停地发光,它们的能量是从哪里来的？它们会不会熄灭？古人无法科学地回答这些问题。

19世纪中叶,德国科学家亥姆霍兹等人曾设想,恒星的能源可能与引力能的释放有关。但是,假如太阳逐渐收缩从而将引力能转化为热能并由此发光,那么这最多只能维持几千万年的时间,要比根据地层学分析、特别是根据放射性同位素分析估算的地球年龄小得多,因而不能被采纳。

1916—1924年,英国天文学家爱丁顿连续发表十几篇论文,并据此于1926年出版了《恒星内部结构》一书,首次提出在恒星内部,能量由里往外转移的主要方式不是对流而是辐射。他证明,一个给定质量的恒星,如果处于辐射平衡状态,那么其光度就有一个上限——后称爱丁顿极限。如果一颗恒星的光度达到了爱丁顿极限,那么它往外的辐射压力,就正好同星体物质向内的引力相平衡。光度超过爱丁顿极限的恒星,将会被自身的辐射吹散。书中以辐射平衡为基础,导出了主序星的质量同光度之间的关系,即著名的质光关系。爱丁顿还指出,当4个氢原子核通过热核反应聚变为1个氦原子核时,会损失约1/120的质量。按照爱因斯坦发现的质能关系式 $E=mc^2$,可将这种质量损失换算为释放出的能量。恒星总质量中起初有5%是氢,就足以满足恒星的能源需求。这为进一步探索太阳和恒星能源指示了正确的方向。

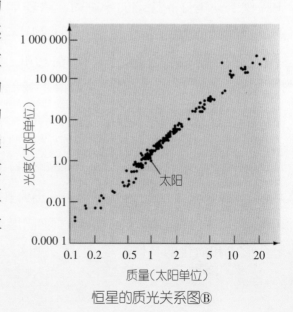

恒星的质光关系图Ⓑ

1927 年
奥尔特建立银河系较差自转理论

古人以为恒星在天穹上是固定不动的。1717年,英国天文学家哈雷发现恒星的自行,打破了上述传统观念。19世纪中叶,天文学家根据恒星光谱线的位移,又可以推算恒星的视向速度。此后,随着天文仪器的不断改善,观测精度的不断提高,天文学家对恒星在三维空间中的运动也有了更充分的了解。

20世纪前期,瑞典天文学家斯特伦贝里分析了大量恒星的空间运动,他于1924年发现,空间运动速度小于63千米/秒的恒星朝各种方向运动的机会均等;但速度大于63千米/秒的恒星却具有运动方向集聚于银道面内的强烈倾向,而且基本上

坐落在斯德哥尔摩的瑞典皇家科学院主楼①

都集中在以银经270°为中间值的半圆内。这种现象称为"恒星运动的不对称性",同时人们又将相对于太阳的运动速度大于63千米/秒的恒星称为"高速星",小于此值的则称为"低速星"。

1925年,另一位瑞典天文学家林德伯拉德对银河系恒星运动不对称性的起因发表了自己的见解。他提出,银河系由若干次系互相套在一起组成,各次系的扁度和绕银心转动的速度互不相同,但它们具有一个共同的中心,即银心。太阳所属的那个次系绕银心转动的速度,要比高速星所属次系的对应速度快得多。因此从地球上看,那些高速星仿佛就朝着与太阳运动相反的方向迅速地后退。

彻底解决银河系恒星运动不对称性问题的是荷兰天文学家奥尔特。奥尔特生于1900年,父亲是一位医生,祖父是希伯来语教授。他是卡普坦的关门弟子,1926年在格罗宁根大学取得博士学位。奥尔特在莱顿天文台度过了漫长的一生,1924年到那里,1945年成为台长。1992年,奥尔特在莱顿去世。

荷兰天文学家奥尔特①

1927年，奥尔特证明银河系在自转。况且，银河系并不是一整块固体，而是由大量单个的天体组成，所以它不是像刚体那样整块地转动，而是靠近银心的恒星比远离银心的恒星运动得更快。这同太阳系中离太阳越近的行星绕太阳公转得越快是一样的道理。比太阳更靠近银心的恒星转得比太阳快，而太阳又比距离银心更远的恒星转得快。这称为银河系的"较差自转"。根据太阳周围恒星的运动情况，奥尔特证明银心的方向在人马座。这与沙普利根据球状星团的空间分布推测的结果正相吻合。日后的大量天文观测证实了奥尔特的理论。现在已知，太阳正以220千米/秒的速度在银道面内绕银心旋转，太阳到银心的距离约26 000光年。从这个绕转周期和距离，还可以推算出银河系的质量大致相当于1000亿个太阳质量的总和。

恒星运动的不对称性 图中画出离太阳65光年以内的高速星在银道面内的运动方向。四周的数字是银经，0°方向就是位于人马座的银河系中心方向。这些恒星运动的方向大多在银经180°（御夫座方向）到270°（船帆座方向）再到0°（人马座方向）的半圆内。它们相对于太阳的平均运动指向银经270°，因此太阳相对于它们运动的方向就是指向银经90°，恰好与银心方向垂直。这正是银河系在自转的重要证据。⑧

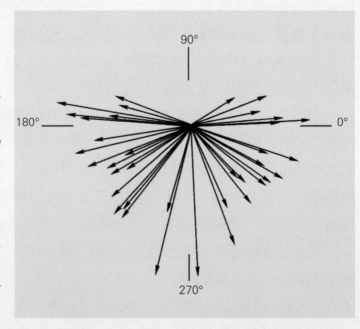

1929 年
哈勃发现河外星系的速度—距离关系

前文讲到英国天文学家哈金斯在1868年根据多普勒效应,通过观测天狼星光谱线的位移来推算它的视向速度。这是现代天文学史上的重要里程碑。这种方法与被观测天体的距离远近无关,因此也可以用于研究河外星系的运动。

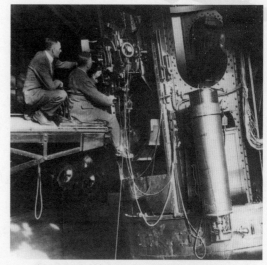

美国天文学家哈勃(左)在威尔逊山天文台2.54米胡克望远镜旁①

1912年,美国天文学家维斯托·梅尔文·斯莱弗测量了仙女座大星云M31的光谱线位移,发现它正在以约200千米/秒的速度向我们奔驰而来。两年以后,当他测出15个旋涡星云的视向速度之后,发现其中竟有13个的光谱线都有红移,表明它们都在远离太阳系而去,其典型速度值约为570千米/秒。为什么这么多的星系都在"逃离"我们呢? 这在当时很令人费解。

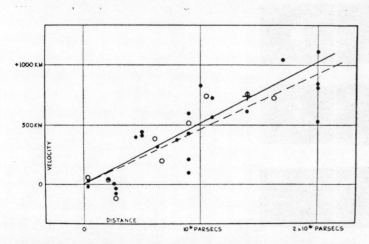

哈勃的"河外星云的速度—距离关系"原图　纵坐标是视向速度,以千米/秒为单位;横坐标是距离,以秒差距为单位。各种不同记号的含义,在哈勃1929年发表的原始论文中均有详细说明。℗

1924年美国天文学家哈勃揭示了旋涡星云的本质:它们都是远远位于银河系以外、大小可与银河系相比的巨大恒星集团,即"河外星系"。1929年,哈勃研究了已经测出视向速度的24个河外星系,并通过各种方法求得它们的距离。结果发现距离越遥远的星系,光谱线的红移就越大,也

就是说,它们退离我们而去的视向速度就越大,而且距离和退行速度之间有着良好的正比关系。这种"速度—距离关系"就是著名的"哈勃定律"。哈勃定律可以用一个简单的公式来表示:$v = H_0 \cdot d$,其中v是星系的视向速度,d是星系的距离,比例常数H_0称为"哈勃常数"。后来,哈勃的同事赫马森将测定视向速度拓展到更遥远的星系。到1936年,他已测定约150个星系的谱线红移,相应的视向速度最大值达42 000千米/秒,几达光速的1/7。这些结果进一步证实了哈勃定律的有效性。

河外星系都在远离"我们"而去,并不意味着我们处于"宇宙的中心"。造成无数星系四散离去的原因,是宇宙正处在一种整体膨胀之中。这种膨胀使得所有的星系非但都是远离"我们"而去,并且相互之间都在彼此分离。你到任何一个星系上去,都会看到同样的情景。这就好像一只镶嵌着许多葡萄干的面包正在不停地膨胀,那么面包中所有的葡萄干就会彼此分离得越来越远。哈勃定律是宇宙正在膨胀的直接观测证据。宇宙膨胀这一崭新的科学思想,深深动摇了宇宙静止不变的陈旧观念,它深刻地改变了人类的宇宙观,是20世纪科学中意义最为深远的杰出成就之一。

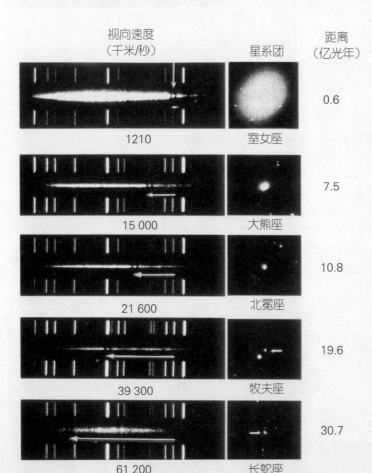

哈勃定律的观测基础是星系光谱线的红移 最上边的光谱中用垂直的黄色箭头指示一对吸收线的位置。在下边的几个光谱中,这对吸收线渐次移往波长越来越长的位置,水平的黄色箭头指示了红移的大小。Ⓑ

1930 年
汤博发现冥王星

1846年海王星发现之后不久,它的预告者之一勒威耶就说过:"对这颗新行星观测三四十年后,我们又将能利用它来发现就离太阳远近而言紧随其后的那颗行星。"

19世纪后期,天文学家开始寻找"海外行星"。美国的帕西瓦尔·洛厄尔就是其中最突出的人物之一。洛厄尔于1894年在亚利桑那州的弗拉格斯塔夫附近建了一座私家天文台,那里空气洁净、夜晚晴朗,而且远离城市灯光。洛厄尔在那里潜心研究火星"运河"和搜索"海外行星"——洛厄尔称它为"行星X"。他历时多年先后进行两轮搜索,但直至1916年去世仍无建树。

年轻的汤博在自家农场安置了一架自制的望远镜ⓦ

此后洛厄尔天文台在台长维斯托·梅尔文·斯莱弗领导下继续搜索"行星X"。1929年,那里来了一位23岁的年轻人克莱德·汤博。汤博出生贫寒,没钱上大学。但他被天文学深深吸引,用父亲农场里散落的旧机器部件自制了一架口径9英寸(23厘米)的望远镜进行天文观测。在洛厄尔天文台,斯莱弗台长安排汤博用一架口径33厘米的天体照相仪对行星X进行第三轮搜索。

洛厄尔天文台口径33厘米的天体照相仪　汤博用它发现了冥王星。①

每张照相底片上的星像多达数十万个,要在其中找出疑似的"行星X"真是难上加难。洛厄尔生前就为此配备了一种专供对比天文照相底片的"闪视比较仪"。这种仪器有一个快门，可用来极其迅速地从两张底片交替取景，以致人眼几乎不能察觉视场的快速转换。倘若一个天体的位置在不同底片上有所移动，那么在进行闪视比较时它就会相对于群星背景来回闪动。

1930年2月，汤博用闪视比较仪发现，在1月23日和29日先后拍摄的双子座δ星附近天区的照片上，有一个小星点在视场中来回闪动。"我为此不胜惊骇"，汤博后来回忆。他尽量控制自己的激动心情，对台长说："斯莱弗博士，我已经发现了您的行星X……我将向您出示证据。"斯莱弗立即冲向闪视比较仪室……

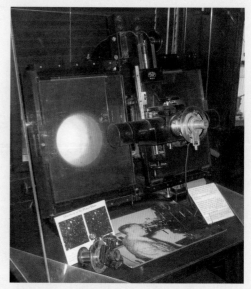

洛厄尔天文台展示的汤博发现冥王星所用的闪视比较仪①

经过进一步的观测确认，洛厄尔天文台于1930年3月13日正式宣布发现了一颗新行星。后来，它以罗马神话的地狱之神普鲁托（Pluto）命名，汉语定名为"冥王星"。这个名字很有意思，首先，对于一颗远离太阳因而又冷又暗的行星来说，冥神正是一个恰到好处的称号；其次，Pluto的头两个字母P和L，正好分别是珀西瓦尔·洛厄尔姓和名的首字母。从此，冥王星就被视为太阳系的第九颗大行星，直到2006年8月国际天文学联合会决议将其重新分类为"矮行星"。冥王星的直径约2300千米，在柯伊伯带天体中名列前茅，已发现它有5颗卫星。

2015年7月13日"新视野号"探测器飞越冥王星时拍摄的冥王星像⑭

发现冥王星以后，汤博终于圆了大学梦。他于1939年取得硕士学位，后来在新墨西哥大学执教，1965年起任教授。1996年，汤博以90岁高龄与世长辞。

1931年
施密特发明折反射望远镜

　　大型反射望远镜是当代天文学中不可或缺的利器。然而，大也有大的难处。通常望远镜的口径越大，其成像质量良好的"有效视场"就越小，因而每次观测所及的天空范围也就越有限。现代巨型反射望远镜的视场通常都远小于1平方度（整个天空共为4万余平方度）。这对需要"巡视"广大天空区域的研究工作来说，实在是很大的弱点。

伯恩哈德·施密特在磨镜机旁工作①

　　"巡视"在天文学中十分重要。它更正规的名称叫"普遍巡天"，或简称"巡天"，相当于对天体进行"户口普查"。正如人口普查之后，就可以根据不同的特征——不同性别、不同民族、不同年龄等，对"人"进行分门别类的统计性研究那样，对天体进行"户口普查"之后，也可以根据不同的特征——不同亮度、不同距离、不同光谱类型等，对它们进行分门别类的统计性研究。然而，进行高效率的巡天，需要口径大、同时视场也大的天文望远镜。这有没有可能做到呢？20世纪30年代，俄裔德国光学家伯恩哈德·施密特率先朝这个方向迈出了第一步，那就是所谓的"施密特望远镜"。

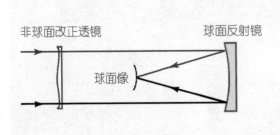

非球面改正透镜　　　　　　球面反射镜

球面像

施密特望远镜光路图B

　　光线如果以较大的角度入射到反射望远镜的镜面上，得到的星像就会有明显的缺陷，从而严重限制了大型反射望远镜的有效视场。为了克服这一缺陷，施密特于1931年研制成功第一架"折反射望远镜"：在球面主反射镜的球心

中国科学院国家天文台兴隆观测基地的施密特望远镜主镜口径90厘米，改正镜口径60厘米。⑧

处加上一块改正透镜，改正透镜的形状特殊——中央最厚，边缘较薄，最薄的地方则介于中央与边缘之间。改正透镜使得星像的缺陷大为减小，从而使望远镜的有效视场显著增大。德国的陶登堡天文台有一架世界上最大的施密特望远镜，其改正透镜和主镜口径分别为1.34米和2.03米。

施密特望远镜在"巡天"工作中起到了无可替代的作用。例如，从1950年起，在天文学家明可夫斯基等人指导下，美国帕洛玛山天文台一架口径122厘米、球面主镜口径180厘米的施密特望远镜开始拍摄巡天照片，至1958年完成帕洛玛北天深空双色照相天图（简称POSS）。帕洛玛天图覆盖了赤纬-33°以北的区域，共含935个6.6°见方的天区，分别用红、蓝两色滤光片拍摄。它以玻璃版、软片版和纸质版多种形式复制、发行并再版，成为天文学研究的基本工具。此

澳大利亚赛丁泉天文台全景　最右侧的圆顶是联合王国施密特望远镜观测室。⑩

郭守敬望远镜建筑外观

坐落在中国科学院国家天文台兴隆观测基地，楼高接近60米。Ⓑ

后，天文学家们利用帕洛玛天图编制了多种天体表，包括星团与星协、行星状星云、亮星云、暗星云、反射星云、电离氢区、星系和星系团、特殊星系等。同时，该天图也是证认射电源、红外源、X射线源等的光学对应体的权威性依据。后来，位于澳大利亚的斯特罗姆洛山和赛丁泉天文台，又用一架同样的施密特望远镜进行南天深空巡天。这两架望远镜共同记录了全天约10亿个天体的位置、形状等信息。

　　当然，施密特望远镜既然用到了透镜，也就像折射望远镜那样不可能做得太大了。那么，能不能用一块"改正反射镜"来代替"改正透镜"呢？如何研制"反射式施密特望远镜"，是国际天文界共同关心的问题。20世纪90年代，我国天文学家在老一辈学科带头人、中国科学院院士王绶琯率领下，开始研制"大天区面积多目标光纤光谱天文望远镜"(英文缩写为LAMOST)，就是一个良好的开端。2008年，LAMOST完成建设。它的成功，标志着反射式施密特望远镜开始从梦想成为现实。2012年，LAMOST重新命名为"郭守敬望远镜"，以示对我国古代杰出天文学家和水利专家郭守敬的崇敬和纪念。

1932年

央斯基发现宇宙射电

美国无线电工程师央斯基生于1905年，1928年到著名的贝尔电话实验室工作，着手研究影响无线电长途通讯的天电干扰问题。

造成天电干扰的原因很多，如雷电、附近的电器设备，以及飞机从上空飞过等。央斯基为搜索干扰的来源，专门建造了一个长30.5米、高3.66米的旋转天线阵，后人亲切地称它为"旋转木马"。20世纪30年代初，他探测到一个新的微弱的干扰源，后来又意识到这个源似乎随着太阳运动，但每天要快大约4分钟。这表明它也像恒星那样，处于太阳系外的某一固定点。1932年冬，央斯基断定此干扰源位于人马座方向，即美国天文学家沙普利和荷兰天文学家奥尔特分别指出的银河系中心方向。

美国无线电工程师央斯基◎

在天文学中，来自天体的无线电波被称为射电波。央斯基的发现标志着射电天文学的诞生：当时天文学家接收的射电波，是波长最短的无线电波，即微波。光波不能穿透星际尘埃，但是微波能够。因此，利用射电望远镜可以探测银河系中心，而普通的光学望远镜却无能为力。

央斯基没有再继续深入下去，他更感兴趣的是工程技术，而宁愿让别人去探索宇宙。在头几年中，除美国天文学家惠普尔曾发表一篇文章讨论央斯基的观测结果外，没有其他天文学家参与其事。

美国国家射电天文台陈列的央斯基"旋转木马"原大复制品　天线阵下面装有轮子，可旋转到任意一个水平方向。Ⓦ

此外,业余爱好者雷伯也独自做了一些实际工作。雷伯出生于1911年,15岁时就热衷于无线电收发报活动。他为央斯基的发现激动不已,还曾试图让无线电信号从月球反射回来,但未获成功。直到第二次世界大战后,美国通讯兵才以更大的投资做到了这一点。

建成第一架射电望远镜的美国人雷伯

1937年,26岁的雷伯在自家的后院建成了第一台射电望远镜。它用于接收射电波的抛物面天线口径9.45米,在1.87米波长上的方向束宽12°。他从1938年开始接收来自天空的射电波,1940年探测到来自银河系中心方向的信号,从而证实了央斯基的发现。他于1942年发表的探测结果,深受奥尔特等天文学家的重视。1943年,雷伯又接收到日冕发出的射电辐射。1944年,他绘制出世界上第一幅射电天图。

第二次世界大战期间,微波技术因与雷达密切相关而迅速发展,这使射电天文学在战后迅速崛起。许多大型射电望远镜都采用抛物面天线,它们的雏形正是雷伯当初的那台仪器——1947年雷伯把它送给了美国国家标准局。

央斯基于1950年死于心脏病,当时才45岁,但他目睹了射电望远镜成为天文学的重要"新式武器"。他的发现为人类打开了一个观测宇宙的新窗口。为了纪念他,国际天文学联合会于1973年决定把天体射电流量密度的单位称为"央斯基",简称"央"。

美国西弗吉尼亚州格林班克国家射电天文台陈列的雷伯射电望远镜复制品①

1934年

中国建成紫金山天文台

1934年建成之初的紫金山天文台®

在南京市风景秀丽的紫金山第三峰上,一群银白色的圆顶错落有致。那里就是"中国现代天文学的摇篮"——中国科学院紫金山天文台。

1928年2月,民国政府的中央研究院成立天文研究所,首任所长是高鲁。1929年,第二任所长余青松亲自勘测设计,在南京城外紫金山上择址筹建天文台。1934年,紫金山天文台落成,配备口径60厘米的反射望远镜、口径20厘米的折射望远镜等,开展经度测量、授时,以及变星、太阳分光与太阳黑子等观测研究。

1949年新中国成立后,紫金山天文台隶属中国科学院,修复了战时损坏的天文仪器,并增添多种新设备,进行恒星、小行星、彗星和人造卫星的观测与研究,开展对太阳的常规观测,研究太阳活动规律并提供太阳活动预报,编算和出版每年的《中国天文年历》《航海天文历》等历书。紫金山天文台是中国自己建立的第一座现代天文台。如今,这座著名的天文台又有了很大的发展,设有射电天文、天体物理、空间天文、天体力学等研究部,毫米波和亚毫米波天文技术实验室、空间天文技术实验室,并在青海德令哈、江苏盱眙、江苏赣榆、黑龙江洪河、山东青岛和云南姚安建立了6个观测站。

紫金山天文台的主建筑 直上台阶就是60厘米反射望远镜圆顶室。®

1938 年
贝特和魏茨泽克建立恒星能源理论

宇宙中的一切都有诞生、成长、衰老和死亡的过程，就连星星也不例外。那么，一颗恒星是怎样诞生的呢？它又为什么能如此持久地发光？

麒麟座中著名的玫瑰星云①

在广袤的太空中，有许多巨大的星云。它们由极稀薄的气体和尘埃组成，最主要的成分是最简单的化学元素——氢。星云物质自身的万有引力使气体和尘埃不断地往一块儿聚集。于是云的体积变得越来越小，密度越来越大，同时温度也不断升高。当云的中心温度超过 700 万开时，那里就会启动由 4 个氢原子核聚合成 1 个氦原子核的"热核聚变"，同时释放出巨额的能量，一颗新的恒星就这样诞生了！

查明恒星的能源是热核聚变，要归功于 20 世纪二三十年代物理学的一系列重大发现，以及将这些进展迅速应用到天体物理学中。例如，1931 年已证实氢是恒星中最丰富的元素；1936 年，英国天文学家罗伯特·阿特金森提出，可以将质子（即氢核）逐次加到较重的原子核中去，当由此形成的更重的核超出保持稳定的质量极限时，就会抛出一个 α 粒子（即氦核）。

1938 年，德裔美国物理学家贝特和德国天文学家魏茨泽克各自独立地推进了阿特金森的设想，发现了后来所称的"碳—氮—氧循环"（简称 CNO 循环）。这种循环的一系列反应，始于 1 个氢核和 1 个碳核的结合，最终结局则是碳核获得再生而 4 个氢核合成了 1 个氦核。在这过

德裔美国物理学家贝特⑪

147

德国天文学家魏茨泽克①

程中,氢是恒星的"燃料",氦是燃烧产生的"炉灰",碳则起着催化剂的作用。

后来,贝特又提出另一种可能性,称为"质子—质子链反应"(简称p-p链反应),即氢核通过几步反应直接生成氦,而无需碳核的参与。不管是直接也好,碳催化也好,由氢核聚变为氦核时,约有百分之一的质量转化成了能量。早在1905年,爱因斯坦已经阐明,很少一点物质就可以转化成巨额的能量。

由太阳辐射的能量可以推算出,它每秒钟要损失约420万吨物质。但是,太阳中氢的含量极其巨大,以至于在成百上千万年的时间里,损失的物质相对于太阳整体而言依然可以忽略不计。太阳已经像今天这样度过了50亿年,而且还将继续这样度过50亿年。也就是说,它像今天这样发光发热,前后将长达百亿年之久(见"1913年 罗素刊布恒星光谱—光度图"篇)。

1939年,贝特通过计算得知:CNO循环在大质量恒星中占主导地位,p-p链反应则是小于约1.5倍太阳质量的恒星的主要能源。当恒星核心部分的氢燃料已经消耗掉很多,因而不能再像昔日那样产生能量、维持正常的发光时,它就迈入了老年。再往后的情况,可参见"1939年 导出白矮星和中子星的质量上限"篇。

1967年,贝特因对核反应理论的贡献,特别是发现恒星的能源而荣获诺贝尔物理学奖。

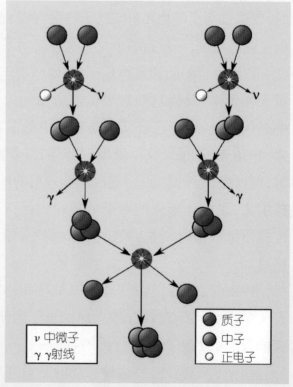

ν 中微子
γ γ射线

质子
中子
正电子

p-p链反应示意图⑧

1939 年
导出白矮星和中子星的质量上限

1983年10月19日,是印度裔美国天体物理学家钱德拉塞卡的73岁生日。这天,他收到了一份特别珍贵的"生日礼物":瑞典皇家科学院宣布,因"对恒星结构及其演化理论作出重大贡献"而授予他诺贝尔物理学奖。

中文版《孤独的科学之路——钱德拉塞卡传》封面(上海科技教育出版社,2006年12月)⑤

钱德拉塞卡1910年出生于印度,20岁以全班第一的成绩毕业于马德拉斯大学。1930年7月他乘船前往英国继续深造,在3个月的航程中初步确立了有关白矮星的理论。

原子由原子核和电子组成。原子核位于原子的中心,几乎包含了整个原子的全部质量。但是,原子核的直径却只有原子直径的10万分之一。另一方面,电子的质量小得微乎其微,但是它们绕原子核转动的轨道大小却直接决定了整个原子的尺度。因此,每个原子的内部其实都是空空荡荡的,坚硬的实心部分只是一个非常非常微小的原子核。然而,白矮星自身的强大引力把组成星体的原子都压碎了:电子被挤出原子,原子核和原子核相互挤在一起,因此整个星体的体积大为缩小,物质密度大过普通物质的千万倍。

一颗质量与太阳相当的白矮星,体积却不过像地球那么大。因此,像火柴盒那么大的一块白矮星

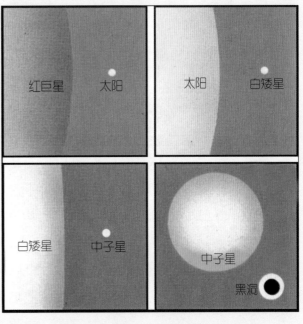

红巨星、太阳、白矮星、中子星和恒星级黑洞的相对大小示意图⑧

物质差不多就有地球上的一辆卡车那么重。处于这种状态下的物质称为"简并物质"，它们会产生一种特殊的"简并压力"。在白矮星中，正由于电子的简并压力顶住了星体自身的引力，才使星体维持

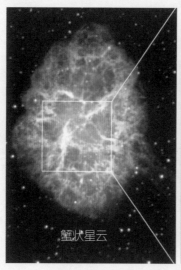

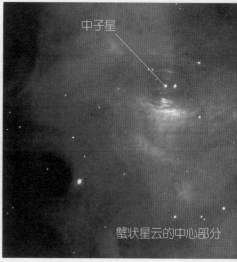

中子星

蟹状星云

蟹状星云的中心部分

1054年超新星爆发的遗迹——蟹状星云及其中心的中子星ⓒ

稳定平衡。钱德拉塞卡证明，由简并态物质组成的恒星，质量越大的半径反而越小，物质密度当然就特别大。他从理论上证明，白矮星的质量应该有一个大小约为1.4倍太阳质量的上限，后来称为钱德拉塞卡极限。

那么，质量更大的恒星又如何呢？1934年，德裔美国天文学家巴德和瑞士天文学家兹威基一起，首次提出"中子星"的概念。他们指出，超新星爆发产生的巨大压力，可以将星体中的原子压碎，使电子进入原子核与质子结合为中子，致使整个星体完全由中子构成——这就是中子星。中子星的物质密度比白矮星还要高很多，可达每立方厘米上亿吨！1939年，美国物理学家奥本海默等基于更深入的讨论，建立了第一个中子星模型。

美国物理学家
罗伯特·奥本海默ⓦ

一颗恒星质量越大，引力就越强，超新星爆发后残留的物质也聚集得越紧密。如果爆发后残留物质的质量超过1.4倍太阳质量的钱德拉塞卡极限，那么它就可以一直坍缩到成为一颗中子星。在中子星内部，简并中子态物质所具有的中子简并压力与星体自身的引力相抗衡，使星体维持稳定平衡。奥本海默等人证明，稳定中子星的质量存在一个上限，约为3倍太阳质量，称为奥本海默极限。若超新星爆发后星体残留物质的质量超过奥本海默极限，则不能成为稳定的中子星。它将在强大的引力作用下继续坍缩，直至成为一个黑洞。

1942 年
海伊发现太阳射电辐射

　　第二次世界大战期间，英国利用雷达技术侦察来犯的德国飞机，取得了显著的成效。但1942年初英国人发现自己的雷达受到干扰，在空中并没有飞机的时候，雷达还是接收到了微波。这引起了英国政府和军方的高度重视：如果德国人有办法干扰雷达接收信号，那么英国空军就难以从假象中识别真相了。

　　英国政府指派物理学家詹姆斯·斯坦利·海伊等测定干扰的来源。当时，科技人员已能探测到对着雷达方向来的少量微波，因此海伊等人要完成任务并不算太难。1942年6月，他们利用在4—6米波长上工作的雷达，跟踪研究所受到的强烈干扰，结果发现它来源于太阳。这是人们首次探测到来自一个具体的可见天体的微波，太阳成了首先被确定的射电源。直到第二次世界大战结束，海伊始终没有公开自己的发现，当时凡与军事有关的东西通常都会保密。

　　几乎与此同时，美国无线电工程师索思沃思用新制成的微波雷达接收机，也独立地发现太阳在3—10厘米波段会发出相当稳定的射电。这一结果同样也予以保密。但是1943年9月，美国天文学家雷伯又在1.9米波长上接收到日冕发出的射电。雷伯的工作与军事无关，他也不想对任何人封锁消息，结果于1944年首次发表了关于太阳射电的论文。

　　海伊的发现，不仅意味着查明了那些微波来自太阳。更重要的是，海伊发现来自太阳的微波似乎与太阳耀斑相联系。这就显示了通常的太阳光波与太阳微波之间的某种差异。通常的太阳光波能量来源是太阳内部的热核反应，即便

第二次世界大战期间的英国地面雷达网（左边较高大的是雷达发射塔，右边4座为接收塔）ⓦ

151

英国物理学家阿普尔顿

时有某些局部过程会使光波略有增减,但这些影响同太阳辐射的总光能相比毕竟微乎其微。太阳释放的微波能量同光波能量相比是很少的,但它与太阳活动相联系,因此其总量会发生显著的变化。如果集中探测微波波段,那么太阳上一些对可见光来说较小的事件就会敏锐地凸显出来。

1946年2月,太阳上出现大黑子,英国物理学家阿普尔顿等进一步证实强烈的太阳射电确与太阳耀斑密切相关。此后,有些天文台站便开始系统地观测研究太阳射电。尽管当时的射电望远镜分辨率还相当低,但天文学家们通过观测已能知晓,在太阳出现较弱的扰动期间,射电辐射逐渐缓慢地变化;而在太阳出现强烈的扰动期间,则会发生和耀斑密切联系的射电爆发。事实在告诉人们,研究微波有可能获悉在可见光波段得不到的重要信息。

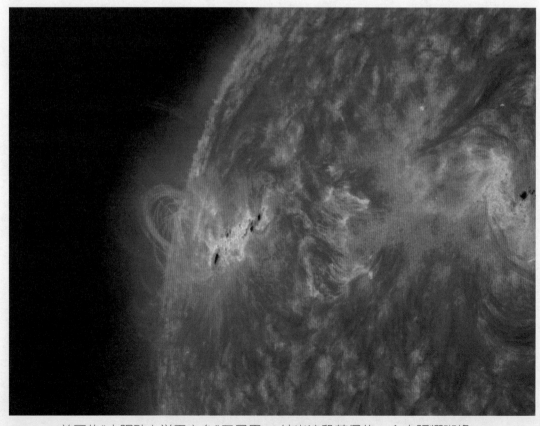

美国的"太阳动力学天文台"卫星用30纳米波段获得的一个太阳耀斑像

1944 年

巴德发现两类星族

沃尔特·巴德1893年在德国出生，1919年在格丁根大学获得博士学位。早在1920年，巴德就发现第944号小行星希达尔谷的轨道一直伸展到土星轨道以外，是当时已知最远的小行星。1948年巴德发现了第1566号小行星伊卡鲁斯，它离太阳比水星还近，成为已知最靠近太阳的小行星。1931年巴德移居美国，先后在威尔逊山天文台和帕洛玛山天文台工作，对天文学作出了重要贡献。

德裔美国天文学家巴德①

随着城市的不断发展，人为光源对夜空的光污染日趋严重，这对天文学家的观测造成了致命的不良后果。1941年12月，日本偷袭珍珠港，美国和日本正式处于交战状态。1942年，洛杉矶市及近郊实行战时灯火管制，使得威尔逊山的夜空分外清澈。巴德利用这个机会，用口径2.54米的胡克望远镜详细研究仙女座星系M31。在此之前，美国天文学家哈勃观测到了M31外围旋臂中的蓝白色巨星。1944年，巴德首次在M31的内部区域分解出单颗的恒星，并注意到其中最亮的并不是蓝白色星，而是略带微红的。更深入地说，就是仙女星系内部区域恒星的赫罗图与球状星团的赫罗图相似，外围区域亮星的赫罗图则与疏散星团的赫罗图相似。据此，巴德

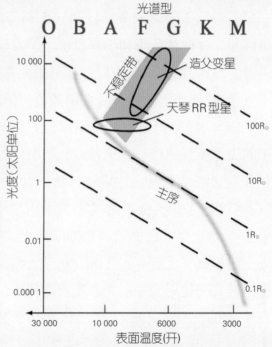

赫罗图上位于不稳定带中的脉动变星 其中造父变星的质量和光度都比天琴RR型星大得多。R⊙代表太阳半径。⑧

153

提出了存在两类星族的概念,它们有不同的分布和演化史。一类是年轻恒星,主要分布在星系的旋臂中,从充满尘埃的环境中产生出来,称为星族Ⅰ。另一类是年老恒星,是在缺乏尘埃的环境中产生,分布在星系的中央区和星系晕的球状星团中,称为星族Ⅱ。

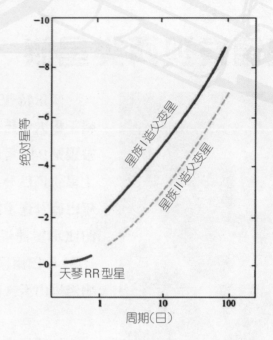

两类造父变星的周光关系示意图　左下方的一小段实线属于天琴RR型星,其绝对星等差不多是常数。⑧

1948年,巴德到帕洛玛山天文台工作,利用新落成的口径5.08米海尔望远镜继续研究,在仙女星系中找到300个以上的造父变星。巴德发现,星族Ⅰ和星族Ⅱ各有自己独特的造父变星族,它们具有彼此不同的周光关系。早先美国天文学家莱维特和沙普利得出的造父变星周光关系曲线,只适用于星族Ⅱ。在球状星团和小麦哲伦云中发现的造父变星,正是星族Ⅱ的,据此推算得出的距离,在银河系内以及远到小麦哲伦云那么远,都没有错。

可是,更加遥远的河外星系的距离,却是以星族Ⅰ造父变星为基础推算得出的。1952年,巴德得出星族Ⅰ造父变星的周光关系曲线,发现它与星族Ⅱ造父变星的周光关系曲线基本平行;对于同样的光变周期而言,星族Ⅰ造父变星要比星族Ⅱ造父变星更明亮。早先哈勃于20世纪20年代前期首次测定M31的距离时,误将星族Ⅱ造父变星的周光关系应用于M31中的星族Ⅰ造父变星,得到的结果为90万光年。巴德利用正确的周光关系重新推算,得出M31与我们的距离实际上超过200万光年。巴德的发现表明,河外星系的距离标尺需要修正:凡是过去以造父变星周光关系为基础推算得出的距离一律应该加倍。

巴德的发现也意味着,既然仙女星系M31和其他星系都比过去设想的远那么多,它们必定也要大那么多,这样从地球看去它们才会仍然显得那样亮。因此,我们的银河系并不是一个比其他星系都魁梧的特大号星系。例如,M31就有可能比银河系更大。过去,哥白尼把地球赶出了宇宙的中心,沙普利把太阳赶出

疏散星团M45和球状星团M15 （上）M45即昴星团，是最著名的疏散星团，位于金牛座中，年龄仅约6000万岁。其中6颗亮星很容易为肉眼所见，用望远镜则可以看到上千颗星。许多亮星周围的反射星云就是早先形成这些恒星的气体云的残余物质。（下）球状星团M15位于飞马座中，是夜空中肉眼勉强可见的一个小光斑。它包含约10万颗恒星，其中有大量老年成员。（上）W（下）O

了银河系中心，现在巴德又把银河系从星系世界佼佼者的位置上赶下了台。

20世纪20年代末，根据哈勃定律推测的宇宙年龄仅20多亿岁。地质学家认为，这一数值真是太小了，因为当时公认的地球年龄已经超过30亿岁。在巴德阐明先前以造父变星周光关系为基础得出的河外星系距离应一律加倍之后，如果星系都以目前观测到的速度四散分离，那么它们从全都挤在一起开始，一直膨胀到今天，就需要花费五六十亿年时间——不再是哈勃早年推算的20多亿年了。地质学家们认为，这对于地球的演化来说已足够充裕。换句话说，巴德的发现使天文学家推算的宇宙年龄增大了1倍，因此原先与地质学家推断的地球年龄之间的矛盾已经基本消除。

1958年巴德退休，被格丁根大学聘为荣誉教授。在回到格丁根之前，他还在澳大利亚进行了6个月的观测。1960年6月，巴德在格丁根病逝。

*1947*年
安巴楚米扬发现星协

苏联著名天文学家安巴楚米扬1908年出生于格鲁吉亚,1928年毕业于列宁格勒大学并留校任教,1946年创建亚美尼亚布拉干天文台并任台长直至1988年。1996年安巴楚米扬与世长辞。

亚美尼亚共和国发行的安巴楚米扬纪念邮票Ⓨ

1947年,安巴楚米扬发现,在银河系中有一种比疏散星团还要松散得多的恒星群体,它们主要由同类恒星组成,其成员有着共同的起源,颇有点像动物的"多胞胎"。安巴楚米扬将这类恒星群体称为星协。星协有两种:一种是由O型和B型大质量恒星组成的O星协(又称OB星协),银河系中的绝大多数O型和B型星都在O星协中;另一种是由金牛T型星组成的T星协。金牛T型星的典型代表就是金牛座T,它们常与星云相伴,尚处于恒星的"胎儿"阶段:弥漫的星云物质在自

位于亚美尼亚布拉干的安巴楚米扬博物馆Ⓞ

身引力的作用下不断收缩,密度增大温度升高,即将成为一颗真正的恒星,但在赫罗图上尚未到达主序。O型星、B型星和金牛T型星都非常年轻,因此星协必定也很年轻,年龄仅以百万岁计。银河系中的星协都位于旋臂上,银河系较差自转造成的剪切力将会导致星协在数百万年内四散离解。星协的发现,是现代恒星起源理论的一项重要观测依据。

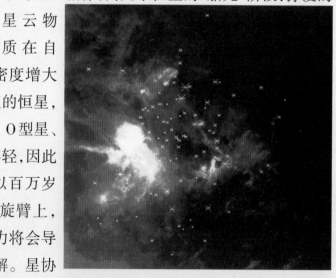

天蝎一半人马O星协 离太阳最近的O星协,*表示该星协中大质量恒星所在的位置。左边的亮区是恒星形成区蛇夫分子云。Ⓒ

1948 年
大爆炸宇宙论和稳恒态宇宙论之争

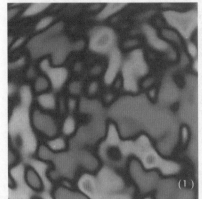

人类生活在小小的地球上，它环绕一颗普通的恒星——太阳运转。太阳和另外上千亿颗恒星一起构成一个庞大的星系——银河系。目前，人类观测到的像银河系这样的河外星系已有上千亿个。1929年，美国天文学家哈勃发现，河外星系都在迅速地远离我们而去，并且距离我们越远的河外星系远去的速度就越快。那么，造成无数星系四散离去的原因究竟何在呢？

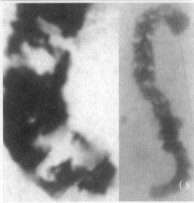

现代大爆炸理论的宇宙演化模式　宇宙诞生于约140亿年前，起初温度极高、物质密度极大，它是不透明的。(1)宇宙诞生后约100万年的状况，电磁辐射脱离物质独立地扩散，宇宙对于光而言变得透明了。图中用不同颜色标志宇宙各处温度的极微小差异（量级仅为 10^{-5} K），最冷的区域物质密度最大，诸如恒星或星系等结构尚未形成。(2)哈勃空间望远镜拍摄的深场照片，展示了约110亿年前首批星系形成时的情景。(3)在红外波段拍摄的银河系内鹰状星云M16中的气柱，那里正在诞生许多新的恒星。(4)恒星绘架座β被一个尘埃—气体盘围绕着的照片，这很像早期的太阳系，也许盘内已经形成一颗或几颗行星。(5)在澳大利亚西北部一块34.65亿岁的古老岩石中发现的杆菌菌落，表明地球上在太古宙已经广泛分布着原核生物，并且有可能已进化出自养细菌。Ⓝ

这是因为宇宙正处在一种整体膨胀之中。这种膨胀并不只是使无数星系远离我们而去,而且它们彼此之间都在相互分离。在任何一个星系上,都会看到同样的情景。

可以想像,既然星系都在彼此四散分离,那么回溯过去,它们必然就比较靠近。如果回溯得极为古远,那么所有的星系就会紧紧地挤在一起。人们自然会想:宇宙也许正是从那时开始膨胀而来,也许那就是我们这个宇宙的开端吧?

比利时天文学家勒梅特ⓦ

首先这样描绘宇宙开端的是比利时天文学家勒梅特。他于1932年提出,现在观测到的宇宙是由一个极热极密的"原初原子"膨胀而来的。包含宇宙中全部物质的那个原初原子有时被谑称为"宇宙蛋"。它很不稳定,在一场无比猛烈的爆发中炸成无数碎片。这些碎片后来形成了无数的星系,至今仍在继续向四面八方飞散开去。

1948年,美籍俄国物理学家、天文学家伽莫夫和他的学生阿尔弗发展了勒梅特的想法,计算了那次爆炸的温度,计算了应该有多少能量转化成各种基本粒子,进而又怎样变成了各种原子等。伽莫夫和阿尔弗证明,早期炽热的宇宙充满着质子、中子、电子和其他基本粒子的混合物。随着宇宙的膨胀和冷却,这些粒子约75%的总质量以质子(即氢原子核)的形式存留下来,约25%则变为由两个质子和两个中子组成的α粒子(即氦原子核)。这一比例,与天文学的种种观测结果相当吻合。他们的研究成果发表在一篇题为"化学元素的起源"的论文中,作者署名为阿尔弗、贝特和伽莫夫。其

伽莫夫墓ⓦ

实,物理学家贝特与这篇论文并没有任何关系。伽莫夫十分搞笑地擅自添上贝特的名字,只是为了使作者署名取得α-β-γ的谐音效果。后来,关于宇宙中化学元素起源的这套理论,也就被称为α-β-γ理论了。

1948年晚些时候,阿尔弗和美国物理学家赫尔曼推广了这个理论,预言如今的宇宙必定到处充满温度约5开的背景辐射。但是,这一预言在1965年得到最终证实之前却未受人重视。人们对这种爆炸理论存疑的一个重要原因是,当时通过哈勃定律估计的宇宙年龄只有20亿年,比用相当可靠的地质学方法推算的地球年龄还要小!

另一方面,同在1948年,英国天文学家邦迪、霍伊尔和美国天文学家戈尔德一同提出了另一种宇宙演化理论,即稳恒态宇宙论。他们认为,在大尺度时空范围内,宇宙的性质稳恒不变;宇宙不仅在空间上是均匀各向同性的,而且在不同时刻整体面貌也维持不变。宇宙虽然在不断膨胀,但物质可以连续不断地从虚空中创生,以形成新的天体和天体系统;每年在100亿立方米的体积中新产生一个氢原子,就足以使宇宙的物质密度保持不变。在论战中,霍伊尔调侃伽莫夫等人的理论为一场"大爆炸",不料对方竟欣然接受,而且沿用至今。20世纪60年代,一些天文学家对宇宙射电源的计数结果表明,宇宙并非恒定不变,而是随着时间演化的。稳恒态宇宙模型由于与这些天文观测结果不符,从此渐趋衰亡。

大爆炸宇宙论初期面临的宇宙年龄矛盾,在1952年巴德订正宇宙距离尺度后得到解决。几十年来,大爆炸宇宙论因成功地解释了众多的天文观测事实,而成为当代最有影响的宇宙学理论。另一方面,它也面临着不少尚待解决的新难题。20世纪80年代初以来,人们先后提出暴胀宇宙、量子宇宙、弦论、超引力、M-理论、膜世界等,就与此密切相关。

世界科普名著精选

物理世界奇遇记

(最新版)

[美]乔治·伽莫夫 [美]罗素·斯坦纳德 著

吴伯泽 译

湖南教育出版社

中文版《物理世界奇遇记》书影 伽莫夫还是一名卓越的科学普及家,这是他的一部传世杰作。⑧

1948年

帕洛玛山天文台5米海尔望远镜建成

1918年，美国威尔逊山天文台台长海尔主持建造的"胡克望远镜"落成。长达30年之久，它的口径2.54米一直保持着世界纪录。然而，随着洛杉矶的迅速发展，夜晚的城市灯光严重地威胁着威尔逊山的天文观测。1928年，已退休5年的海尔又在威尔逊山东南方的帕洛玛山上另择一处台址，并决定在那儿建造一架口径5.08米（200英寸）的反射望远镜。

1929年，海尔从洛克菲勒基金会获得一笔钱款便干了起来。人们为这项浩大的工程付出了史诗般的努力。天文学家常将这架望远镜简称为5米望远镜。它的反射镜比先前的任何镜子都更大、更厚、也更重。在大块玻璃中，即使很小的温度变化也会因膨胀或收缩而影响反射面的精度。为此，整块玻璃的背面浇

5米海尔望远镜①

铸成了蜂窝状，这使镜子的重量比一个矮胖的实心圆柱减小了一半以上，整块玻璃中的温度变化也可以比较迅速地达到均衡。浇铸好的玻璃毛坯，在严格的温度控制下花了10个月时间慢慢地冷却，其间还经受了一次轻微的地震。镜坯是美国东部

用于海尔望远镜的5.08米主镜　当时正在位于帕萨迪纳市的威尔逊山天文台总部光学车间里加工。图中镜子的背面朝上，其蜂窝状结构将镜子重量控制在20吨以下，且可尽量减少由温度变化造成的问题。①

著名的康宁玻璃厂生产的,必须横越整个美国,运到加利福尼亚州的帕洛玛山。为稳妥起见,火车昼行夜宿,时速从不超过40千米。这块玻璃连同装箱,宽度显著地超出5米,为了减少遇上桥梁和隧道的麻烦,它走的是一条专线。长时间

帕洛玛山天文台鸟瞰　右侧是5米海尔望远镜圆顶室。Ⓦ

的研磨和抛光,总共耗费了31吨磨料。望远镜最后成型时,反射镜本身重达14.5吨,镜筒重140吨,整个望远镜的可动部分竟重达530吨!它的聚光能力是胡克望远镜的4倍,能看到暗至23等的天体。

1948年6月3日,人们为这具硕大无朋的仪器举行了落成典礼。它是20世纪天文学的一项标志性成就,它的成功开辟了研制大型反射望远镜之途。海尔本人已经在10年前去世。后来,人们在帕洛玛山天文台的门厅中塑了一座海尔半身像,铜牌上写着:

"这架200英寸望远镜以乔治·埃勒里·海尔命名,他的远见卓识和亲自领导使之变成了现实。"

1969年12月,威尔逊山天文台和帕洛玛山天文台重新命名,共称海尔天台。

5米海尔望远镜的圆顶室Ⓦ

1950 年
奥尔特提出彗星云假说

哈雷彗星的壮丽景象，给一代又一代人留下了难以磨灭的印象。不过，如此巨大的彗星毕竟是极少数，绝大多数彗星单凭肉眼根本无法看见。迄今人类已经掌握运动轨道的彗星仅1000来颗，而太阳系中实际存在的彗星却多得不可胜数。早在400年前，德国天文学家开普勒就曾聪明地猜测：天空中的彗星就像大海中的鱼儿一样多。那么，这些彗星究竟从何而来呢？

在布拉格印刷的1577年大彗星木刻画 图中一位画家正在描绘这颗彗星。Ⓦ

太阳系中究竟有多少彗星，可以通过对彗星出现的数目和它们的轨道特征进行统计分析来估算。有一种被广泛采纳的见解，来自荷兰著名天文学家奥尔特。奥尔特从1924年起长期在莱顿大学天文台工作，1945年任台长，1958—1961年曾任国际天文学联合会主席。他为天文学作出了许多重要贡献（见"1927年奥尔特建立银河系较差自转理论"和"1951年 用新方法探测银河系旋涡结构"两篇）。直到九旬开外，人们仍常在莱顿大学天文台他的办公桌前见到他的身影。1992年，奥尔特走完了他漫长而愉快的

麦克诺特彗星壮丽的扇形彗尾（2007年1月） 这颗彗星很可能来自遥远的奥尔特云。Ⓞ

一生。

1950年奥尔特发现,彗星轨道半长径以3万—10万天文单位的居多,而且它们的轨道对黄道面的倾角几乎是随机分布的。他由此推断,在离太阳3万—10万天文单位处有一个庞大的彗星"储库",那里有数以万亿计的彗星,沿着各自的轨道缓慢地环绕太阳运行。这个彗星"储库"就称为"奥尔特云",它的外观宛如包裹着太阳系的一个球壳,太阳就在球心处。奥尔特云中的彗星数量虽然惊人,但它们的总质量不过相当于几个地球而已。

天长日久,总会有其他恒星从奥尔特云附近路过。这时,过路恒星的引力就会干扰奥尔特云中彗星的运动。有一些彗星就会偏离原先的轨道,转而向太阳系内部驰来,它们经过地球附近时即为人们所见。当然,奥尔特云中的彗星彼此偶然相撞,也有可能导致它们的运动速度和方向发生变化,甚至驰向太阳。这些彗星的运行周期非常长,数百万年才能绕太阳转完一圈。当彗星与太阳接近到相距约5亿千米时,那里的温度约在-60℃光景,正好能使水冰升华为水蒸气,于是开始出现彗发。

进一步的分析还表明,奥尔特云又分为内外两部分:内奥尔特云距离太阳3000—20 000天文单位,约含1万亿—10万亿颗彗星;外奥尔特云距离太阳2万—5万天文单位,约含1万亿—2万亿颗彗星。通常,轨道运行周期不超过200年的彗星称为短周期彗星,周期在200年以上的称为长周期彗星,奥尔特云正是长周期彗星的源泉。短周期彗星则来自"柯伊伯带",它最初是1951年由荷兰裔美国天文学家柯伊伯提出的,后来获得许多天文观测证据的支持。

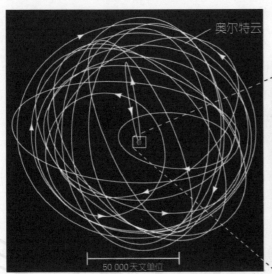

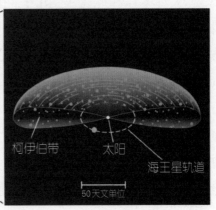

奥尔特云和柯伊伯带 (左)奥尔特云中只有那些轨道极其扁长的彗星才有可能进入太阳系内区,(右)短周期彗星之源——柯伊伯带。⑧

1951 年
用新方法探测银河系旋涡结构

荷兰天文学家范得胡斯特出生于1918年。在第二次世界大战的苦难岁月里，纳粹德国占领了荷兰，正常的科学研究工作无法开展。范得胡斯特手中没有天文仪器，他那活跃的心智就转向了纸和笔。他通过理论计算研究中性氢原子的行为，阐明了在氢原子中质子的磁场和电子的磁场可以取向相同，也可以取向相反。

荷兰天文学家范得胡斯特①

氢原子偶尔会从上述前一种状态转变为后一种，这时它就会辐射波长21厘米的微波。对于一个氢原子来说，平均约1100万年才有一次发出这样的微波。但是太空中的氢原子多得不可胜数，它们可以源源不断地辐射波长21厘米的微波。1944年，范德胡斯特在自己的博士论文中预言了这种微波的存在，并指出有可能观测到来自太空的波长21厘米的微波谱线。

第二次世界大战结束后，射电天文学家们开始寻找这种辐射了。1951年，美国天文学家尤恩和珀塞尔、荷兰天文学家米勒和奥尔特、澳大利亚天文学家克里斯琴森和欣德曼，几乎同时用射电望远镜探测到了来自太空的中性氢21厘米谱线辐射，从而证实了范德胡斯特的预言。

再说在此期间，天文学家们正在努力探索银河系的结构。人们可以通过天文望远镜直接观看河外星系的形状和结构，但是我们身处银河系内，却很难看清银河系本身的真面目。银河系是否也像那些旋涡星系一样，优雅

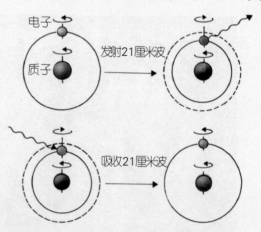

中性氢原子的波长21厘米辐射 （上）电子同质子的自旋方向由同向平行变为反向平行，导致发射波长21厘米的辐射，（下）吸收波长21厘米的辐射则导致相反的结果。⑧

地舒展自己的胳膊——也就是旋臂？如果有的话,那么银河系的旋臂究竟有几条？它们又是怎样蜿蜒伸展的？我们的太阳离开它们又有多远？1949年德国天文学家巴德和美国天文学家梅奥尔利用光学天文望远镜仔细观测仙女星系M31,发现其中的O型星和B型星、OB星协、疏散星团、发射线星云等既年轻又明亮的天体能够清晰地勾画出旋臂的踪迹。这就为在光学波段探测银河系和河外星系的旋涡结构开辟了新的途径。1951年,美国天文学家摩根等人开始研究银河系高光度天体的空间分布,勾画出3条近于平行的旋臂,即猎户臂、英仙臂和人马臂,从而第一次描绘出银河系旋臂结构的宏观图像。但是,由于星际尘埃的消光作用,即使用世界上最大的光学天文望远镜,也无法看得很远。

微波可以穿透星际尘埃。1951年,奥尔特的射电天文小组和澳大利亚的一个射电天文小组,都制定了巡视银河系内中性氢21厘米辐射的计划。他们利用波长21厘米的观测资料,详细描绘了银河系内中性氢云的分布和运动图像,并据此窥见了银河系旋涡结构的全貌。1953年,在其他旋涡星系中也探测到了中性氢的21厘米辐射。从此,这种射电天文方法便逐渐成为研究银河系及河外星系的结构和动力学的有效手段。

1954年,奥尔特的小组公布首批研究成果,描绘出银河系外部区域的旋涡结构。1958年,几个研究小组又联合综述了南北两半球的巡测结果,展示了银河系内中性氢分布和旋涡结构的宏观图像。这些成果为人们认识恒星和星际物质在演化上的联系、探索旋涡结构的起源等,提供了很重要的线索。

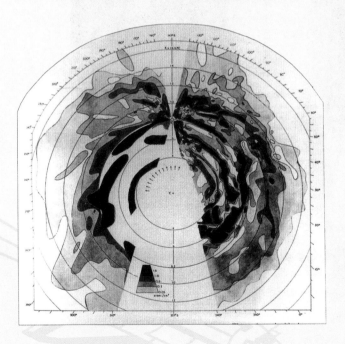

1958年根据中性氢的分布推断的银河系旋涡结构图　此图左半主要是澳大利亚天文学家取得的成果,右半是荷兰天文学家的成果。中央是银心,上方约8千秒差距处是太阳。(秒差距是天文学中常用的距离单位。当1个天体的视差为1″时,它与观测者的距离就是1秒差距,约相当于3.26光年。千秒差距是更大的距离单位,等于1000秒差距。)◎

1955年
席泽宗发表《古新星新表》

天象观测是中国古代天文学的一项重要内容。在历代古籍二十四史中专门记载天象观测资料的部分叫做"天文志",包括天象观测的仪器、方法和记录。两千多年来,中国保存下来的有关日食、月食、太阳黑子、彗星、流星、新星等的记录极为丰富。在世界上所有的文明古国中,天象观测记录最为系统而精密的就数中国。

古新星新表

号数	原文	书名	时间	星座	α	δ	l	b	附注
1	七日己巳夕兑□酉新大星并火 9,1	殷虚书契后编(下)	前14世纪	—	—	—	—	—	—
2	辛未酘新星	甲骨缀合编118	前14世纪	—	—	—	—	—	—
3	周景王十三年春有星出婺女	今本竹书纪年	前532年	宝瓶座	$20^h 40^m$	-10°	-5°	-31°	左传和史记内均有记载
4	秦始皇卅三年明星出西方	史记·秦始皇本纪	—	—	—	—	—	—	—
5	汉高帝三年七月有星孛于大角,旬余乃入	汉书、文献通考	前204	牧夫座α星附近	14 20	+20	346	+66	可能是再发新星
6	汉元光元年六月,客星见于房	汉书	前134	天蝎座	15 40	-25	313	+20	这是中西史上皆有记载的第一颗新星
7	汉元凤四年九月,客星在紫宫中斗枢极间	汉书	前77	大熊座	11 36	+60	103	+55	Williams 和 Biot 有考证,在 NGC 3587 附近
8	汉元凤五年四月烛星见于奎娄间	汉书、文献通考	前76	双鱼座	1 20	+25	101	-36	Williams, Biot, Lundmark 有考证
9	汉地节元年正月,有星孛于西方,去太白二丈所	汉书	前69	—	—	—	—	—	—
10	汉初元元年四月,客星大如瓜,色青白,在南斗第二星东,可四尺	汉书	前48	人马座μ星之东	18	-25	335	-4	Williams, Biot, Lundmark 有考证,在 NGC 6578 附近
	汉哀帝建平二年二月彗星			天鹰座					

席泽宗著《古新星新表》局部Ⓑ

1987年北京天文馆成立30周年时席泽宗(右)与卜毓麟(中)、崔振华在展览厅合影Ⓑ

中国古代天象记录,是现代天文学的重要参考资料。从20世纪50年代开始,随着射电天文学的迅速发展,各国的天体物理学家们为了考察超新星爆发同诸如蟹状星云那样的射电源之间的联系,迫切需要查找中国古代的相关天象记录。但是,中国的古籍浩如烟海,如果不专门下功夫进行严密的梳理和考证,那么想要发现所需的线索就会像大海捞针一样难。

在这方面,中国天文学家席泽宗取得的成果最为突出。席泽宗是山西省垣曲县人,生于1927年6月9日,1951年毕业于中山大学天文系,曾经担任中国科学院自然科学史研究所所长,是科学史研究领域中唯

席泽宗院士自选集《古新星新表与科学史探索》B

一的一位中国科学院院士,同时他还是国际科学史研究院院士,国际欧亚科学院院士。1954年,席泽宗在中国《天文学报》上发表论文《从中国历史文献的纪录来讨论超新星的爆发与射电源的关系》;1955年,在《天文学报》上发表《古新星新表》,考订了从殷商到公元1700年间的90次新星和超新星爆发记录。1965年,他又与薄树人合作再次在《天文学报》上发表论文《中、朝、日三国的古代新星记录及其在射电天文学中的意义》,文后附有《增订古新星新表》。这些著作被译成英、俄等国文字,被各国天文学家持久地大量引用。

今天人们所知的历史超新星记录,有80%以上都源自中国。中国科学家对历史超新星的研究工作意义深远,因而在国际上很受重视。2002年,席泽宗院士出版了他的自选集,全书约120万字,书名就叫《古新星新表与科学史探索》。

2007年,国际天文学联合会正式批准将第85472号小行星命名为"席泽宗"。2008年12月27日,席泽宗因脑溢血在北京逝世,终年82岁。

1957年 威廉·福勒等建立化学元素合成理论

宇宙中为什么有那么多种不同的化学元素？它们是从哪里来的？这就是科学家们常说的化学元素的起源问题。阐明宇宙中各种化学元素的起源,是现代天体物理学的重要任务之一。

俄裔美国天文学家乔治·伽莫夫和他的合作者,按照他们提出的宇宙大爆炸理论,成功地说明了氢、氦等轻元素是如何在宇宙大爆炸之后约3分钟形成的。但是,宇宙大爆炸却不能直接产生碳、氧等更重的化学元素。

1951年,爱沙尼亚天文学家恩斯特·奥皮克和奥地利裔美国天文学家埃德温·萨尔皮特各自独立地发现:如果一颗恒星的中心温度高达约4亿开($4 \times 10^8 K$),那里就会发生由3个α粒子(即氦原子核)撞到一起而形成碳原子核的反应,这称为"3α反应"。然而,宇宙中的碳元素数量不少,要产生这么多的碳,仅仅依靠3α反应还远远不够。

1957年,美国的杰弗里·伯比奇和玛格丽特·伯比奇夫妇、威廉·阿尔弗雷德·福勒,以及英国的弗雷

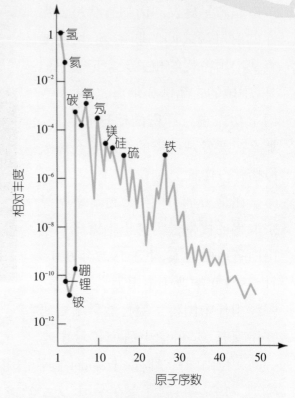

宇宙元素丰度曲线Ⓑ

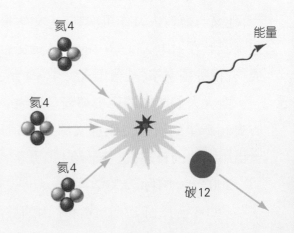

"3α反应"示意图Ⓑ

德·霍伊尔这4位天文学家合作发表了一篇著名论文，详细描述了各种元素如何在恒星内部合成的8种核过程，后来这种理论就按照4位作者的姓氏首字母B、B、F、H而称为B²FH理论。各种元素在恒星内部合成后，再通过恒星爆发抛射到宇宙空间。

除氢燃烧、氦燃烧和3α过程外，B²FH理论特别注意往已经存在的原子核中添加中子的那些过程，即慢中子俘获过程（亦称慢过程或s过程）和快中子俘获过程（亦称快过程或r过程）。这些反应提供了产生比铁族元素（铁、钴、镍等）更重的原子核的途径。通过s过程，可以一直合成到已知最重

美国天文学家福勒①

的非放射性核铋209。但是它不能解释比铋209更重的核（例如钍232、铀238、钚242等）从何而来，因为这些更重的核刚通过s过程形成，立即就会马上重新衰变为铋。

在这种情况下，就要靠r过程来帮忙了。r过程出现在一颗大质量恒星发生超新星爆发的临终时刻，进行得异常迅速。在超新星爆发的最初约15分钟里，剧烈的爆炸使得各种重原子核碎裂，释放出大量的自由中子。在超新星阶段，各种原子核俘获中子的效率非常高，即使那些很不稳定的原子核，在还没来得及衰变之前，也能够俘获许多中子。r过程

杰弗里·伯比奇（左）⑧、玛格丽特·伯比奇（中）①和弗雷德·霍伊尔（右）①

将许多中子塞进轻核或中等重量的核，从而创造出迄今已知最重的那些元素。

B²FH理论提出后，不断得到核物理学和天体物理学新成就的验证、修正和补充。福勒因为在实验和理论上对这方面的贡献而荣获了1983年的诺贝尔物理学奖。为什么这项诺贝尔奖只给福勒一个人，而与伯比奇夫妇以及霍伊尔全然无缘？除了一项诺贝尔奖最多只能授予3个人这条硬性规定外，其他原因确实也成了人们一直议论纷纷的话题。

1959 年
苏联探测月球获得成功

1957年10月4日，苏联成功地发射了世界上第一颗人造地球卫星"斯普特尼克1号"。那是一只重83.6千克、直径58.5厘米的铝合金圆球。圆球里面装着一些科学仪器，圆球外面带有4根天线。几个月后，美国也在1958年1月31日发射了它的第一颗人造卫星"探险者1号"。1970年4月24日，中国将自己的第一颗人造卫星"东方红1号"送上了天。

人造地球卫星发射成功，标志着空间时代的开始。进一步提高发射速度，可以使人造卫星或探测器彻底脱离地球，进入辽阔的行星际空间。这类深空探测的第一个目标，就是离地球最近的天体——月球。

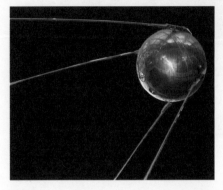

苏联于1957年10月4日发射的第一颗人造地球卫星"斯普特尼克1号"Ⓦ

苏联于1959年1月2日发射的"月球1号"探测器Ⓘ

1959年1月2日，苏联成功发射了"月球1号"探测器。它从离月球表面不足6000千米的地方飞掠而过，成了第一个环绕太阳运行的"人造行星"。两个月后美国也实现了同一目标。同年9月12

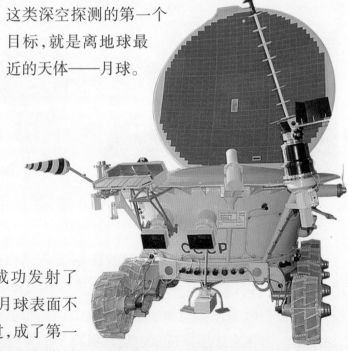

苏联于1973年1月16日发射的"月球21号"探测器携带的"月球车2号"Ⓘ

"月球车2号"轮子特写①

日,苏联的"月球2号"击中月球。一个人造物体破天荒地在另一个星球上着陆了。

月球总是以同一面向着地球。1959年10月,苏联的"月球3号"飞到月球背面,它拍摄的照片使人类第一次见到了月球背面的模样:那里也有很多环形山,但很少有"月海"。

1964年7月,美国发射了"徘徊者7号"。它向月面下落的过程中,始终在拍摄照片,直到与月面相撞。这些照片比早先拍摄的月球照片清晰得多。天文学家曾经设想,月球上也许覆盖着一厚层细细的尘埃。但"徘徊者7号"拍摄的照片上并没有尘埃覆盖的迹象。为了查明事实真相,就需要在月球上"软着陆"。

在1966年以前,探测器总是硬碰硬地往月球上撞,力量非常巨大,探测器都撞毁了。这就是"硬着陆"。如果卫星在即将着陆前点燃一支火箭,使下降的速度逐渐减慢,就有可能轻盈地"软着陆"了。1966年2月,苏联的"月球9号"首先实现在月球表面软着陆,第一次在月球表面拍摄了四周的照片。同年6月2日,美国发射的"勘测者1号"也在月球上软着陆并拍摄了照片。原来,月球表面并没有厚厚的尘层,月球土壤的成分同地球上的玄武岩相似。

将探测器发送到月球附近,使它进入环绕月球运行的轨道,就可以详尽地探测月球及其周围的环境了。1966年4月,苏联的"月球10号"首次成功进入环绕月球运行的轨道。不久,美国也做到了这一点。它们拍摄的月球景象,有的很像地球上的沙漠,但实际上那是远在38万千米之外的另一个世界。

苏联共发射了24个月球号探测器,其中18个获得成功。在人类探月的初期,苏联处于世界领先地位。直到20世纪60年代后期,才被美国赶上并超过。

苏联于1966年1月31日发射的"月球9号"探测器复制品①

1960 年代
赖尔研制成综合孔径射电望远镜

射电望远镜自从20世纪30年代诞生以来,起初面临的最大问题就是分辨率远不如光学望远镜。一架望远镜能够分辨的最小角度,是与望远镜的口径成反比,同时又与观测波长成正比的。

为了能够分辨更小的角度,就必须加大望远镜的口径。如果一架射电望远镜的工作波长为5厘米,而想达到哈勃空间望远镜那样的角分辨率(0.1″),那么它的口径就必须超过240千米! 乍一听,这几乎是不可思议的事情。但是,英国天文学家赖尔的一系列研究成果,却使射电望远镜的分辨率最终超过了光学望远镜。

Sir Martin Ryle 1918–1984
Radio survey of the Universe 1959

邮票上的英国天文学家赖尔①

赖尔1918年生于英国,第二次世界大战期间从事雷达研究,战后在英国剑桥的卡文迪什实验室研究射电天文学,1959年成为射电天文学教授,1972年任英国皇家天文学家,1984年在剑桥逝世。

1988年10月本书作者参观卡文迪什实验室旧址 左上方的铭牌文字说明,卡文迪什实验室(1874—1974)从第一任卡文迪什教授J.C.麦克斯韦时代直至迁到剑桥西郊为止,亦为剑桥大学物理系所在地。B

20世纪40年代中期,赖尔发明了双天线射电干涉仪。在两个天线的连线方向上,干涉仪的分辨率同口径等于两天线间距的巨型单天线射电望远镜相当。50年代,赖尔进而发明了综合孔径技术,其核心思想可概括为"化整为零,聚零为整"八个字。这种技术至少要用两面天线,其中一面天线固定,并以它为中心画一个很大的圆,作为等

效的"大天线";另一面天线则逐次移动到这个"大天线"的不同部位,同固定天线进行射电干涉测量;在所有不同方向上获得"大天线"的相关信号后,用计算机来分析所接收到的观测数据,就可以得到

美国国家射电天文台的甚大阵(VLA) 1981年建成,由27面直径25米的可移动抛物面天线构成,沿臂长为21千米的Y形基线布置,分辨角可达0.05角秒,已不逊于哈勃空间望远镜在光学波段的分辨率。Ⓞ

被观测射电源的图像了。这种图像的分辨率,将相当于这样一架大天线射电望远镜应有的水平:这架大天线的口径相当于上述两面天线之间的最大距离。

利用多面小天线进行多种组合观测,同样可以达到等效大天线所具有的分辨率和灵敏度。20世纪60年代初,赖尔等人在剑桥大学试制成一架综合孔径射电望远镜。1963年,又研制成由3面直径18米的抛物面天线构成的"1.6千米综合孔径射电望远镜",其中两面天线固定,相距0.8千米;第三面天线则可以沿一条长0.8千米的铁轨移动。此镜于1964年正式启用,分辨率达到4.5′。1971年,剑桥大学又建成等效口径5千米的综合孔径射电望远镜,在2厘米的工作波长上角分辨率达到1″上下,为当时国际最先进水平。此后,综合孔径射电望远镜的发

展达到了非常高的水平。如美国的甚大阵(简称VLA),在最短工作波长0.7厘米处,最高分辨率为0.05″,已大大优于地面大型光学望远镜。

赖尔因为对射电天文学的贡献,特别是发明综合孔径技术,而与脉冲星的发现者之一、英国天文学家休伊什分享了1974年度诺贝尔物理学奖。

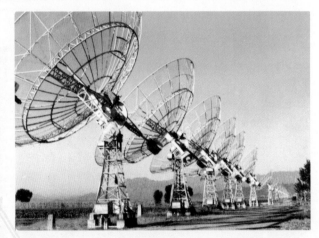

1984年建成的中国科学院北京天文台密云观测站米波综合孔径射电望远镜 由28面直径9米的天线组成。Ⓑ

1962 年
贾科尼等发现宇宙 X 射线源

　　今天，通常把波长从 0.01—10 纳米的电磁辐射称为 X 射线，波长短于 0.01 纳米的则称为 γ 射线。因为地球大气对于波长短于 330 纳米的所有电磁辐射都不透明，所以只有到地球大气层外才能探测到来自太空的这些辐射。

意大利裔美国天文学家
里卡尔多·贾科尼 W

　　第二次世界大战以后，科学家们开始借助火箭技术，把仪器设备送到地球大气层外，尝试观测各种天体发来的紫外线、X 射线和 γ 射线。早期火箭观测试验的主要任务之一，是探测来自太阳的紫外线和 X 射线辐射。1946 年，美国海军研究实验室的赫伯特·弗里德曼首次借助火箭观测太阳的远紫外辐射取得成功，第二年又率先成功地观测到来自太阳的 X 射线。

　　对 X 射线天文学贡献最为卓著的，当数意大利裔美国天文学家里卡尔多·贾科尼。贾科尼 1931 年 10 月 6 日出生于意大利的热那亚，1954 年在米兰大学取得物理学博士学位。后来，他移居美国并加入美国籍，1959 年进入美国科学与工程学公司，从事 X 射线天文学的研究。1962 年，贾科尼等人领导实施利用火箭探测来自太空的 X 射线的计划。那年 6 月，他们利用由"空蜂号"火箭携带升空的仪器，寻找宇宙 X 射线源。在火箭处于地球大气外的短短 5 分钟观测时间里，他们发现天蝎座中有一个很强的 X 射线源，后来称为"天蝎座 X-1"。人们通常认为，这标志着 X 射线天文学正式开端。贾科尼一生对 X 射线天文学贡献卓著，2002 年他因发现宇宙 X 射线方面的成就和导致 X 射线天文学的诞生而荣获诺贝尔物理学奖。

一幅在 X 射线波段观测到的太阳像 N

1963 年
马丁·施密特等发现类星体

1943年,美国天文学家卡尔·基南·赛弗特仔细研究了NGC 1068、NGC 4151等一批旋涡星系。在短时间曝光的照相底片上,这些星系的像很容易被误认为是恒星。但是长时间曝光后,在这些星系的核周围便显现出了朦胧的旋涡结构。这些星系的恒星状核又小又亮,核的光谱中有一些非常宽的发射线,产生这些发射线的是处于高度电离状态的气体。后来,这类星系就被称为赛弗特星系。

哈勃空间望远镜拍摄的圆规座星系
这是最邻近银河系的赛弗特星系之一,距离约1300万光年。Ⓦ

赛弗特星系的光谱还有一些人们前所未见的特征,揭示出星系核中存在激烈的高能活动过程。后来天文学家逐渐认识到,不同星系核的高能活动彼此有着很大的差异。若将它们活动的强弱程度排排队,就可以看出有一种连续变化的趋势。例如,银河系核心处于高能活动较弱的一端,20世纪60年代发现的类星体则是高能活动最强的极端。

赛弗特星系核的性质与类星体相似,它们与射电星系、蝎虎BL天体等统称为活动星系核。苏联天文学家贝尼纳明·叶吉谢维奇·马卡良等自1967年开始对活动星系核进行系统的搜索。活动星系核紫外区的连续光谱往往特别强,这种现象叫做"紫外超"。马卡良等人专门寻找具

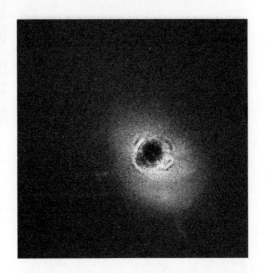

距离地球约21亿光年的类星体3C273 类星体是高能活动非常猛烈的一种活动星系核。3C273是离地球较近的一个类星体,在设法挡掉来自其核心部分的光之后拍摄的这幅照片上,可以看到其寄主星系中的复杂结构。Ⓝ

有反常强紫外超的活动星系,后称马卡良星系,其中大约有10%可以归类为赛弗特星系。

邮票上的苏联天文学家马卡良

再说另一方面,许多活动星系往往又是强射电源。英国的剑桥大学先后编制了好几份著名的射电源表。早在20世纪40年代后期,英国天文学家马丁·赖尔就领导剑桥射电天文小组,测定了50个射电源的位置,于1950年刊布了《剑桥第一射电源表》,简称1C。1955年,赖尔用他新发明的4元射电干涉仪,进行广泛的射电天文观测,并于同年发表了《剑桥第二射电源表》,即2C。1959年发布的《剑桥第三射电源表》,即3C,是第一次由系统的射电源巡天所获得的结果,表中的天体以赤经为序排列。许多重要的射电源就是以3C加上它在这份星表中的序号命名的,例如著名的类星体3C48、3C273等。此后,由于采用新发明的综合孔径射电望远镜技术,观测的灵敏度和分辨率又有了很大的提高,这在1965年和1967年分两次公布的4C星表中得到了充分的体现。1995年完成的5C巡天,分辨率达到了几十角秒,灵敏度进一步提高到了0.002央。"央"是为了纪念卡尔·央斯基而采用的天体射电流量密度单位,等于10^{-26}瓦/(米^2·赫)。

哈勃空间望远镜拍摄的赛弗特星系NGC 7742位于飞马座中,距离地球约7200万光年,在照片上外观酷似一只"煎鸡蛋"。实际上它是一个旋涡星系,但旋臂不很明显。卵黄色的中心区域直径约3000光年。 Ⓦ

许许多多射电源,都是直接用射电望远镜在天空中搜寻到的。它们究竟是些什么样的天体?倘若用光学望远镜进行观测,能不能进一步看清楚它们的真面目?从20世纪50年代末开始,天文学家们想要揭开这层神秘面纱的愿望变得越来越迫切了。

1960年,美国天文学家阿兰·雷克斯·桑德奇和加拿大天文学家托马斯·阿诺尔德·马修斯利用当时世上最大的美国帕洛玛山天文台5米海尔望远镜，发现射电源3C48的光学对应体是一个类似恒星的暗蓝天体，但是它的紫外辐射要比恒星强得多，而且具有不规则的光变。3C48的光谱中，有许多很宽很强的发射线，当时没人能够识别它们是由什么元素产生的。此后，桑德奇和马修斯还发现，另外3个射电源3C196、3C286和3C147的光学对应体也都是类似恒星的暗蓝天体。

荷兰裔美国天文学家马丁·施密特①

1962年，英国天文学家西里尔·哈泽德巧妙地精确测定了射电源3C273的位置，发现它的光学对应体是一个貌似恒星的13等天体。1963年，荷兰裔美国天文学家马丁·施密特用5米海尔望远镜拍摄3C273的光谱，发现它与3C48的光谱很相似，并成功地辨认出其中有氢的巴尔末线系，只是其红移量非常大，达到了0.158。这个困惑国际天文学界3年之久的谜团终于被解开了，3C48的光谱线也随之得到证认，它的红移量比3C273更大，达到了0.367。

当时，性质同3C273和3C48相似的射电源被称为类星射电源；后来又发现一些光学性质与它们相似，但射电辐射并不显著的天体，称为类星体。最后，这两类天体被统称为类星体。类星体不是恒星，而是一种星系级的天体。在可见光波段，3C273的光度约为银河系的1000倍，但它的尺度却比普通的星系小得多。类星体是20世纪60年代最重大的天文发现之一，是前所未知的一类新天体。从那时以来，查明类星体的物理本质，就成了天体物理学家们的重要任务。

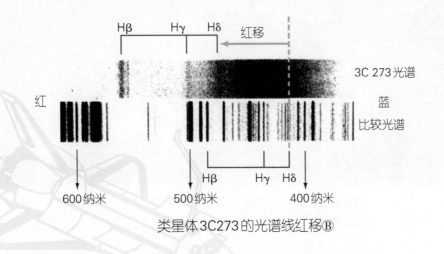

类星体3C273的光谱线红移⑧

1963 _年

温雷布等在射电波段发现星际分子

20世纪30年代,天文学家开始发现,星光经过星际物质后某些波长的光被吸收了。到40年代已经在恒星光谱中辨认出由星际空间中的甲川分子、氰基分子和甲川离子产生的吸收线。甲川分子由一个碳原子和一个氢原子组成,可写成CH;它丧失一个电子,就变成带正电的甲川离子,即CH^+。氰基分子由一个碳原子和一个氮原子组成,可以记作CN。

许多分子的光谱线不在可见光的范围内,而是在射电波段。20世纪五六十年代,射电天文学渐趋成熟。50年代,美国物理学家查尔斯·哈德·汤斯从理论上计算了17种可能存在的星际分子的射电跃迁频率。1963年,美国天文学家桑德尔·温雷布、阿兰·希尔德雷思·巴雷特等在波长18厘米处探测到星际空间的羟基分子(OH)产生的射电吸收谱线。1968年,汤斯在波长1.3厘米附近探测到

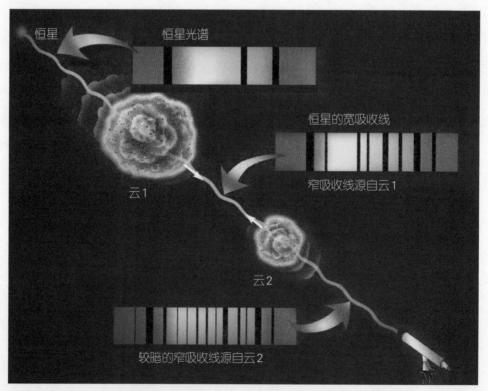

星际云的吸收　恒星光谱中因星际云1的吸收而增添了一些窄吸收线,又因较小的星际云2的吸收而增添了较暗的窄吸收线。Ⓑ

美国物理学家汤斯Ⓦ

来自银河系中心方向的氨分子(NH₃)射电谱线。后来，人们又发现了水分子(H₂O)的射电辐射。科学家们研究星际分子的热情随之大为高涨。

1969年3月，天文学家探测到了星际空间的甲醛(H₂CO)吸收谱线，从而发现了第一种星际有机分子。后来又相继发现了星际空间中的一氧化碳(CO)、甲酸（HCOOH）、氢氰酸（HCN）、乙醇（C₂H₅OH）、甲醇(CH₃OH)等物质的分子。人们现在已经探测到的100多种星际分子，绝大多数都是有机分子。其中包括某些在实验室中并不稳定，但在星际空间的低密度条件下却能够存在的分子。那么，星际空间中为什么会有那么多不同种类的有机分子？它们又是怎样形成的呢？人们曾经想象，弥漫星际介质中的紫外辐射几乎会使任何分子瓦解，但事实上它们却奇迹般地幸存下来了。这又是为什么呢？

在整个银河系的对称平面——即银道面附近，到处存在着许多星际云，它们由尘埃和气体组成。在星际云中，尘埃颗粒的表面吸附着各种各样的原子，这些原子相互结合，形成比较简单的分子。后来，这些分子渐渐脱离了尘埃表面，散失到太空中。当初促使这些分子形成的尘埃颗粒，这时再次帮了忙：它们挡住了大部分的紫外线，使比较简单的分子免遭紫外线的袭击而保存了下来。这些简单分子在星际云的"保护"下进一步发生各种化学反应，终于逐渐形成了较大的分子。不过，根据这种理论推算得出的各种星际分子，特别是大的有机分子的数量，却不如实际存在的那么多。因此，科学家们仍在继续探究：星际分子，特别是较大的有机分子，究竟是怎样来的？

发现星际有机分子，促进了星际化学这个天文学新分支的诞生。这项发现非常重要，人们常将它同类星体、微波背景辐射以及脉冲星并称为20世纪60年代射电天文学的四大发现。

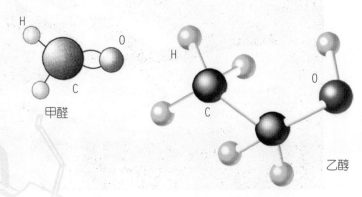

甲醛分子和乙醇分子示意图Ⓒ

1965 年
彭齐亚斯和威尔逊发现微波背景辐射

1948年，伽莫夫等人建立了宇宙起源的大爆炸理论。这种学说的一项重要推论就是，宇宙早期温度极高的热辐射在经历了多少亿年的冷却之后，如今的温度应该已经降低到了仅仅几开，应该可以用射电望远镜在厘米波段和毫米波段探测到它的遗迹。

但是，长达10余年之久，伽莫夫等的这一预言基本上被人遗忘了。直到20世纪60年代初，苏联物理学家雅科夫·波里索维奇·泽尔多维奇等人在莫斯科，美国物理学家罗伯特·亨利·迪克等人在普林斯顿大学，才不约而同地着手准备搜寻宇宙大爆炸的热辐射遗迹。

1964年，美国贝尔电话实验室的两位无线电工程师阿尔诺·阿兰·彭齐亚斯和罗伯特·伍德罗·威尔逊新安装了一台号角状的天线，为的是查明干扰通信的天空噪声来源，以改善"回声号"人造卫星的远程通信状况。这台天线的噪声很低，方向性又很强，因此也很适合进行射电天文学观测。

彭齐亚斯和威尔逊在波长7.35厘米的微波波段，用他们的号角状天线进行测量。结果发现，在扣除了所有已知的噪声来源(例如地球大气、地面辐射、仪器

位于美国新泽西州的美国贝尔电话实验室俯瞰①

本身的因素等）之后，无论将天线指向何方，总还存在着某种来源不明的残余微波噪声。噪声的强度相当于约3.5K的黑体辐射。这种微波噪声是各向同性的，而且不随昼夜和季节而变化。彭齐亚斯和威尔逊对此颇感意外，一时间也不明白它的起因。

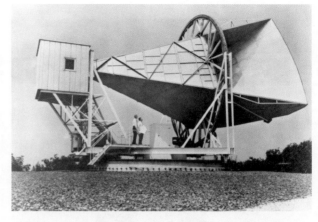

彭齐亚斯（左）和威尔逊在他们用以发现微波背景辐射的号角状天线下Ⓦ

当时，普林斯顿大学的迪克等人从理论上计算出大爆炸留下的宇宙背景辐射如今的温度约为10K，并试着研制一架工作波长为3.2厘米的射电望远镜，来搜寻这种辐射遗迹。当他们和贝尔电话实验室的科学家们交流情况后，事情就很清楚了。原来，彭齐亚斯和威尔逊发现的来历不明的"多余噪声"，正是迪克他们正在寻找的东西——宇宙微波背景辐射。

几个月后，普林斯顿小组在3.2厘米工作波长上测到了温度约3K的背景辐射，从而证实了彭齐亚斯和威尔逊的发现，并表明微波背景辐射是黑体辐射。于是，1965年在美国著名的《天体物理学报》的同一期上，彭齐亚斯和威尔逊发表论文公布了自己的发现，迪克等人的论文则从理论上阐明这种3K宇宙微波背景辐射正是大爆炸的残留遗迹。

此后，更多的地面和空间观测，在从1毫米到1米的宽阔波段范围内，完全证实了这种3K宇宙背景辐射的存在，从而使大爆炸宇宙论得到了普遍公认。1978年，彭齐亚斯和威尔逊因发现宇宙微波背景辐射而荣获诺贝尔物理学奖。

1989年彭齐亚斯和威尔逊的号角状天线被美国内政部确定为"国家历史里程碑"Ⓞ

1967年
休伊什等发现脉冲星

英国天文学家休伊什Ⓦ

许多人从小就见过星星在晴朗的夜空中"眨眼睛"。这是因为地球大气的扰动,造成了星像的闪烁。同样,来自小角径射电源的射电波,由于在传播途中受到介质密度起伏的影响,也会导致观测者接收到的射电流量忽强忽弱。这种现象称为射电源闪烁。由行星际介质的密度起伏引起的闪烁,称为射电源的行星际闪烁。根据行星际闪烁,可以推断河外射电源的角径等物理量。

20世纪60年代,英国天文学家安东尼·休伊什为观测射电源闪烁研制了一台射电干涉仪。它的低频天线阵占地面积达18 000平方米,工作频率为81.5兆赫(相应的工作波长为3.7米)。正因为天线阵的接收面积巨大,所以它非常灵敏;而且这台射电干涉仪的时间分辨率也很高,从而能够捕捉和记录非常迅速的闪烁。

1967年7月,休伊什24岁的研究生乔斯林·贝尔开始用这台仪器进行巡天观测。她在浩瀚的观测记录中发现有一个源很神秘:它发来的信号几乎完全由射电脉冲组成。贝尔向休伊什作了汇报,并继续跟踪观测,到了同年11月已经可以确定:这个射电源正以1.337秒的极精确的脉冲周期辐射无线电波。这就是人们发现的第一颗

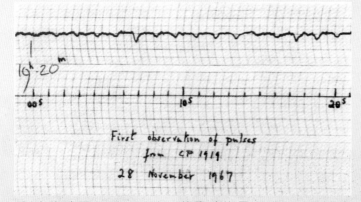

射电脉冲星 PSR 1919+21 的脉冲信号　这是首次发现的射电脉冲星,虽然它的每个脉冲信号的强度并不一样,但脉冲之间的时间间隔保持不变。Ⓒ

脉冲星,名叫 PSR 1919+21。1968年,休伊什和贝尔等人在英国著名的科学刊物《自然》上宣布了这项发现。

2012年8月第28届国际天文学联合会大会期间本书作者与贝尔合影⑧

新发现的脉冲星在不断增多,脉冲周期也各不相同。它们究竟是一些什么样的天体?1968年,美国天文学家托马斯·戈尔德指出,脉冲星其实就是天文学家巴德和兹威基早在1934年就预言存在的中子星;更具体地说,是快速自转着的中子星。它依靠消耗自身的自转能量而发出辐射,因此自转会逐渐变慢,辐射脉冲的周期也会缓慢地变长。

中子星为什么会产生脉冲辐射呢?这与中子星的表面具有很强的磁场密切

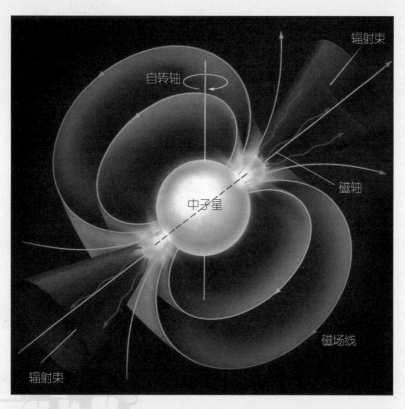

中子星的结构　磁轴与自转轴相交成某一角度,造成辐射束的"灯塔效应"。①

超新星遗迹仙后座A距离我们约10 000光年　这张照片由3幅图像合成：哈勃空间望远镜拍摄的光学像呈黄色，钱德拉X射线望远镜拍摄的图像用蓝色和绿色表现，斯皮策空间望远镜拍摄的红外图像用红色表现。画面正中央的蓝绿色小亮点就是那次超新星爆发形成的中子星。Ⓦ

相关。在如此强大的磁场中，在中子星磁极附近高速运动的带电粒子会沿着磁轴方向往外发出射电辐射。当中子星的磁轴和自转轴的方向并不一致时，沿磁轴方向发出的辐射束就会像大海上的灯塔那样扫过周围的空间。倘若辐射束正好扫过地球，那么每扫过一次地球上的探测器就会接收到一次脉冲。通常，人们将脉冲星的辐

射机制称为灯塔效应，原因就在于此。由此也可见，脉冲星的脉冲周期实际上就是中子星的自转周期。

　　1968年，天文学家发现了两颗特别重要的脉冲星。一颗是位于蟹状星云中心的脉冲星，脉冲周期只有0.033秒。另一颗位于船帆座超新星遗迹中，周期为0.089秒。这样短的脉冲周期清楚地表明，脉冲星的实体的确就是中子星。同时，短周期脉冲星与年轻超新星遗迹位置上的重合，又有力地证明了中子星是在超新星爆发中形成的。1974年，休伊什因发现脉冲星而获得诺贝尔物理学奖。多年来，不时有人为乔斯林·贝尔未能分享这项诺贝尔奖而鸣不平。但贝尔本人对此很坦然。她为科学作出的贡献和在荣誉面前的谦逊态度，深深地赢得了人们的尊敬。

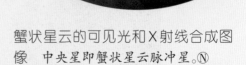

蟹状星云的可见光和X射线合成图像　中央星即蟹状星云脉冲星。Ⓝ

1968 年
美国开展系统的紫外巡天

德国物理学家约翰·威廉·里特尔

紫外辐射通常又称为紫外线。1801年，德国物理学家约翰·威廉·里特尔注意到，在蓝光或紫光照射下，硝酸银会分解出金属银而变黑。而把硝酸银放在光谱紫端外侧，那就会分解得更快。这样，里特尔就发现了位于"紫端外侧"的辐射，即紫外辐射。

紫外辐射的波长范围在约 400 纳米（0.4 微米）到约 10 纳米（0.01 微米）之间。其中波长 400—200 纳米的常称为近紫外辐射，波长 200—10 纳米的则称为远紫外辐射。波长比这更短的，就属于 X 射线的范围了。

来自天体的紫外辐射大部分被地球大气中的臭氧层所阻挡，因此必须将紫外望远镜置于高空火箭或空间轨道上。自 1966 年起，美国着手发射在紫外、X 射线和γ射线波段探索宇宙的系列卫星——"轨道天文台"（简称为OAO）。其中，1966 年 4 月 8 日发射的"轨道天文台 1 号"（OAO-1）因发生故障，两天后停止工作。

1968 年 12 月 7 日，"轨道天文台 2 号"（OAO-2）发射成功，专门用于探测来自天体的紫外辐射。它携带 4 台口径 32 厘米的紫外望远镜，分别在 220—320 纳米、

在轨道中的"轨道天文台 1 号"艺术构想图

美国"哥白尼号"卫星成功发射首日纪念邮品(1972年8月21日)Ⓨ

160—320 纳米、135—200 纳米以及 105—200 纳米 4 个波段巡视天空。此外,它还有一架口径 41 厘米的和 4 架口径 20 厘米的紫外望远镜,用于测定一些特定目标的紫外星等和光谱。基于 OAO-2 的巡天观测结果,第一个紫外巡天星表于 1973 年发表了,其中列有 5068 个紫外天体的位置、辐射强度和光谱类型。紫外天文学由此宣告正式诞生。

1972 年 8 月,"轨道天文台 3 号"(OAO-3)发射成功。为了纪念伟大的波兰天文学家哥白尼诞生 500 周年,这颗卫星又被命名为"哥白尼号"。它作为第一个大型空间天文台,载有一架口径 81 厘米的反射望远镜和 3 架 X 射线望远镜,在研究天体的紫外光谱和探测 X 射线源方面取得了丰硕成果。OAO-3 上安装的摄谱仪分辨率极高,可将波段拓展到 121.6 纳米处的莱曼 α 线的短波侧。它首次测量了星际介质中的常见元素,特别是对于宇宙学具有重要意义的氘丰度。它还通过观测高次电离氧的吸收线,找到了星际气体热成分的证据。OAO 系列紫

太空中的"国际紫外探测器"艺术形象图Ⓦ

"星系演化探测器"艺术形象图 Ⓦ

"世界空间紫外天文台"模型◎

外巡天取得的成就,促使英国、美国和欧洲空间局于1978年合作发射了更为先进的"国际紫外探测器"(简称IUE)。它的望远镜虽然口径仅45厘米,取得的成果却非常丰硕。

1992年,美国发射了"极远紫外探测卫星"(简称EUVE),在先前尚未开发的极远紫外波段(波长约80—8纳米)进行巡天观测。1999年又发射了"远紫外空间探测器"(简称FUSE)。它在8年多的时间里观测的目标超过3000个,拍摄了6000多条光谱,作出许多可贵的新发现。2003年,美国将一个名叫"星系演化探测器"(简称GALEX)的紫外空间望远镜送上轨道,主要目的是探测跨越宇宙上百亿年历史的数百万个星系,以利更深入地了解恒星何时、以何种方式在星系中形成等问题。它出色地履行了自己的职责,直到2013年正式退役。为了填补未来5—10年间大型紫外波段天文设备的空缺,中国、俄罗斯和欧洲将共同研制一个主镜口径1.7米的"世界空间紫外天文台"(简称WSO-UV),预期2017年可以发射升空。

1969 年
美国宇航员登上月球

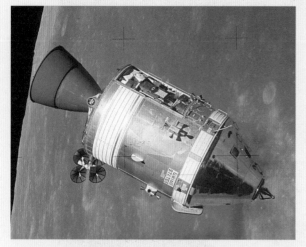

"阿波罗15号"飞船Ⓦ

1957年10月4日,苏联成功发射了世界上第一颗人造卫星。1961年4月12日,苏联宇航员尤里·加加林成为第一位成功地进入太空并安全返回地球的人。20世纪50年代末到60年代初,苏联的月球探测一直居于世界领先地位。这些成就使美国人大为震惊。

面对苏联的挑战,当时的美国总统约翰·肯尼迪在1961年5月提出了一项大胆的设想:在10年之内将美国人送上月球。为此,美国国家航空航天局制定了规模庞大、考虑周密的登月计划。

美国的登月计划从1961年开始实施,到1972年结束,历时将近12年。它的整体部署分4个步骤,即硬着陆、软着陆、环月飞行和载人登月。其中1961—1965年发射的9个"徘徊者号"飞船,目的在于实现向月球表面硬着陆,并在着陆过程中拍摄月球近景照片,但只有最后3个取得成功。1966—1968年发射7个"勘测者号"飞船,有5个实现了在月球表面软着陆,证实月球表面足以支承载人飞船的降落。1966—1967年发射5个"月球轨道环行器",完成了绕月飞行并拍摄月面各部分的照片,以供日后的载人飞船选择着陆地点。

载人登月是由"阿波罗号"系列飞船实施的。这项计划最终取得了辉煌的成就,但是也有惨痛的牺牲与挫折。1967年1月27日,"阿波罗1号"的指令舱在测试中失火,3名宇航员为此丧生。但是,到了1968年12月21日,"阿

尼尔·奥登·阿姆斯特朗Ⓦ

"阿波罗11号"宇航员阿姆斯特朗在月球上留下的第一个脚印N

波罗8号"载着3名宇航员起飞后,在太空中度过了圣诞节,在离月球表面仅约110千米的高度上绕月球飞了10圈,最后于12月27日安全返抵地球。接着,"阿波罗9号"在环绕地球的轨道上试验登月舱取得成功。1969年5月18日,"阿波罗10号"发射成功。它由宇航员操纵着,成功地下降到距离月球表面15千米以内的地方。

1969年7月16日,"阿波罗11号"载着3名宇航员升空。7月20日,宇航员迈克尔·柯林斯操纵飞船主体部分留在绕月轨道上,指令长尼尔·奥登·阿姆斯特朗和宇航员小埃德温·奥尔德林随登月舱降落到月面。在月面着陆后,他们对整个登月系统作了全面检查,然后睡了几小时。7月21日格林尼治时间3时51分,阿姆斯特朗爬出舱门,在5米高的小平台上停留几分钟,然后走下9级扶梯。4时07分,他小心翼翼地用左脚触及月面,然后鼓足勇气将右脚也站到了月面上。18分钟后,奥尔德林也踏上了月球。

阿姆斯特朗在自己行将踩上月球时曾说:"对于一个人来说,这只是一小步;但是对于人类来说,却

"阿波罗17号"宇航员哈里森·施密特和月球车N

是跨出了一大步。"此后3年中,又有5艘"阿波罗"飞船奔月成功:阿波罗12号、14号、15号、16号和17号各将两名宇航员送上了月球。"阿波罗13号"在途中出现故障,被迫取消登月。12名宇航员在月球上开展种种科学实验,并先后带回381千克月岩和月面土壤样品,供科学家们进行详尽的研究。

1989年4月本书作者与"阿波罗14号"宇航员阿伦·谢泼德在英国爱丁堡皇家天文台合影B

1970 年
X射线卫星"自由号"升空

1970年以前,在X射线波段的天文观测都借助探空火箭来实施,得到的图像相当模糊。1970年12月12日,美国发射了第一个X射线天文卫星。那一天,恰好是肯尼亚的独立纪念日,因此卫星被命名为"乌呼鲁"(Uhuru),在斯瓦希里语中意为"自由",汉语译为"自由号"。

X射线天文学的奠基人里卡尔多·贾科尼和"自由号"X射线卫星

这颗卫星首次完成了0.06—0.57纳米波段的X射线巡天观测,并汇编成"自由号X射线源表",揭示了X射线源包含各种类型的极热天体,如X射线双星、超新星遗迹、年轻的射电脉冲星、活动星系核和星系团中的星系际气体等。这标志着X射线天文学发展到了一个新阶段。

1971年1月,"自由号"观测到X射线源半人马座X-3发出很规则的脉冲,周期约为5秒。同年5月,天文学家确认这个X射线源是一个双星系统的成员,它被双星系统的主星——一颗大质量的蓝星周期性地遮掩。不久,又发现另一个类似的源武仙座X-1,脉冲周期为1.24秒,轨道周期为1.7天。人们估计出7个双星X射线源的质量,结果都在太阳质量的1.2—1.4倍之间,未超出中子星质量的上限。另一方面,后来查明天鹅座X-1的光学对应体是蓝超巨星HDE 226868,它是一个周期为5.6天的双星系统的主星,质量可能为太阳质量的20倍。它有一颗看不见的伴星,质量为

美国国家航空航天博物馆按原样重建的"自由号"X射线卫星

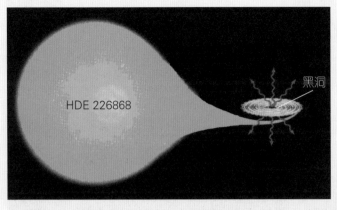

天鹅座X-1双星系统中的不可见伴星很可能是人类发现的首例恒星级黑洞ⓑ

10倍太阳质量,远远超过了稳定中子星的质量上限,因此很可能是人类发现的第一例恒星级黑洞。

1977年,美国开始发射"高能天文台"(缩写为HEAO),这是一系列大型的轨道天文台。1977年8月发射的"高能天文台1号"(HEAO-1),发现了许多新的X射线源。1978年11月,"高能天文台2号"(HEAO-2)发射成功。为纪念爱因斯坦诞生100周年,科学家们又称它为"爱因斯坦天文台"。这颗卫星重3130千克,首次配备了能够成像的X射线望远镜。这台大型掠射式X射线望远镜的定位精度为1′,焦平面上放置4种可以轮换使用的探测器。其中的高分辨成像仪(HRI)视场25′,角分辨率2″,灵敏度比以往最好的X射线望远镜提高了1000倍。爱因斯坦天文台的主要成果包括:发现了以前探测不到的正常恒星的X射线辐射;首次对超新星遗迹进行高分辨的能谱和形态研究;在仙女星系和麦哲伦云中分辨出大量X射线源;首次研究了星系和星系团中的高温气体分布;在半人马座A和M87中探测到与射电喷流方向一致的X射线喷流;首次进行中等的和深度的X射线巡天,揭示出20世纪60年代发现的X射线背景辐射很可能由微弱的分立X射线源叠加形成,而不是充满宇宙的弥漫高温热气体。这些发现是X射线天文学的又一座里程碑。1979年9月,"高能天文台3号"(HEAO-3)发射成功。

20世纪90年代,美国国家航空航天局发射了4个大型空间天文设备,号称"四大天王"。其中,钱德拉X射线天文台(简称CXO)就是继哈勃空间望远镜和康普顿γ射线天文台之后的第3个大型设备。起初它曾经称为"先进X射线天文设备"(简称AXAF),1998年为纪念印度裔美国天体物理学家钱德拉塞卡——昵称钱德拉——而更

正在装配中的"爱因斯坦天文台"ⓝ

发射前的钱德拉X射线天文台Ⓦ

名。它总重约4.8吨,耗资15.5亿美元,1999年7月23日由"哥伦比亚号"航天飞机携载升空,运行在近地点16 000千米、远地点133 000千米、轨道周期为64.2小时的椭圆轨道上。钱德拉X射线天文台对0.1—10纳米的波长灵敏,空间分辨率高达0.5″,而且谱分辨率极高,标志着X射线天文学从测光时代进入了测谱时代。

钱德拉X射线天文台由4台掠射式X射线望远镜组成,每台口径1.2米,焦距10米,接收面积400平方厘米。与以往的X射线望远镜相比,它能观测到暗100倍的源。钱德拉X射线天文台取得了大量科学成果,包括在星系M82中发现中等质量黑洞的证据、发现γ射线暴GRB 991216中的X射线发射线、观测到银河系中心超大质量黑洞人马座A*的X射线辐射、物质从原恒星盘落入恒星时发出的X射线等。在X射线天文学的发展史上,它是一座特别重要的里程碑。

钱德拉X射线天文台观测到的星系M82图像
它提供了其中存在中等质量黑洞的证据。Ⓦ

1970 年代
太阳系行星空间探测进入高潮

20世纪60年代,美国和苏联探测月球取得了重大成就,同时开始将探索的目标瞄准了行星世界。70年代,太阳系行星空间探测进入了高潮。

苏联从1961年到1983年先后向金星发射了16个"金星号"探测器,其中有10个在金星表面着陆。1970年12月,"金星7号"首先在金星上软着陆。1975年10月,"金星9号"和"金星10号"在金星表面约480℃的温度和90个地球大气压的严酷条件下,各自工作了约1小时,发回了照片和资料。1982年3月,"金星13号"和"金星14号"发回的照片清晰地表明金星上是一片不毛之地,还查明那里的岩石就是普通的玄武岩。1983年10月,"金星15号"和"金星16号"成为环绕金星运行的人造卫星,它们用雷达清晰地辨认出金星上的环形山、山脊以及其他特征。

"水手10号"在距离20万千米处拍摄的水星照片Ⓦ

美国从1962年到1973年先后发射了10个"水手号"探测器。其中3个飞向金星,2个(2号和5号)取得成功;6个飞向火星,4个(4号、6号、7号和9号)成功。1973年11月发射的"水手10号"是第一个成功地考察两颗行星(金星和水星)的探测器,一共发回8000多幅金星和水星的图像。它在1974—1975年先后3次近距离飞越水星,发现水星外貌如月,布满了环形

"先驱者—金星号"探测金星表面的结果 空间分辨率约为25千米。颜色代表高度:蓝色最低,红色最高。Ⓦ

山；水星的向阳面温度高达约500℃，背阳面温度又低到-210℃；还出人意料地发现水星具有磁场。

1978年12月，美国的"先驱者—金星1号"和"先驱者—金星2号"先后飞临金星。它们证实了金星大气的主要成分是二氧化碳，金星的可见云层似乎由硫酸的雾或霾构成，因此金星上降雨时落下的将是硫酸而不是普通的水！它们还发现金星上可能有强烈的火山活动，后来苏联的"金星15号"和"金星16号"证实了这一点。

1976年"海盗1号"着陆器拍摄的第一幅火星彩色照片

"水手4号"、"水手6号"和"水手7号"都从火星附近飞掠而过，它们拍摄的照片表明火星的地形复杂，但并不存在"运河"。它们揭示出火星大气中二氧化碳含量占到约95%，水蒸气却难以寻觅。1971年12月，"水手9号"进入环绕火星的轨道，成功测绘了第一幅可靠的火星全图。火星上最大的火山奥林匹斯山相当于3个珠穆朗玛峰那么高，最大的峡谷——水手谷长达3000千米，相当于从上海到拉萨的直线距离。当时，苏联的"火星2号"和"火星3号"也接踵而来，可惜被一场巨大的火星尘暴摧毁了。

1976年，美国的"海盗1号"和"海盗2号"相继在火星上软着陆。它们携带许多精密的仪器，拍摄照片，分析火星的土壤，甚至进行了生物检测实验，但没有发现任何有关生命的迹象。"水手号"和"海盗号"的探测结果表明，火星上荒凉而干燥，不宜地球生命栖居。"海盗号"着陆器工作得很出色，但是只能呆在原地，没有机动能力。1997年，美国的"火星探路者号"携带"旅居者号"火星车登上火星，开启了在火星上移动巡视的新时代。

"旅行者2号"拍摄的木卫二表面覆盖着冰（右图的分辨率约为20米）

木星和土星也成了

"旅行者2号"拍摄的土星环细部　分辨率约10千米，可以看出土星环实际上由无数细环密集组成。右下角的地球供比较尺度大小。Ⓝ

宇宙飞船造访的目标。1973年12月，美国的"先驱者10号"飞船与木星相会，在最近距离约13万千米处拍摄木星照片，还发现木星的磁场约比地球磁场强10倍，从木星磁层伸出巨大的磁尾。1974年12月，"先驱者11号"从距离木星约46 000千米处掠过木星，探测木星的磁场、辐射带、重力、大气结构等，并增加了对几个木星卫星的了解。1979年9月，"先驱者11号"与土星相会，成了有史以来的第一个土星探测器。它首次拍摄了近距离的土星照片，并在土星环系中发现了两个新环。1977年，美国又发射了"旅行者1号"和"旅行者2号"飞船。1979年3月，"旅行者1号"与木星相会，发现木星也有一个光环系统，并发现了长达30 000千米的木星北极光。在木卫一的照片上，第一次看到了地球之外的火山爆发景象。1980年11月，"旅行者1号"飞越土星，共发回万余幅令人赞叹的彩色照片，还发现了土星的几个新的小卫星。"旅行者2号"的航程更为精彩，它于1979年、1981年、1986年、1989年依次同木星、土星、天王星、海王星相会，传回了极其丰富的照片和资料。

两个"先驱者号"各携带一块同样的金属饰板，上面画有一套精心设计的图案；两个"旅行者号"各携带一套同样的镀金铜质音像片，记录了代表人类文明的丰富信息。科学家们希望它们有朝一日会在茫茫宇宙中遇到自己的"知音"。

"先驱者10号"和"先驱者11号"飞船携带的金属饰板图案　下方是太阳系示意图，表明"先驱者号"来自太阳系中的第三颗行星——地球。图中画出了地球上最高等的生命——人，希望"外星人"能够懂得那位男人招手致意是表示和平与友谊。从他背后的"先驱者号"外形轮廓可知，人的身高约为飞船宽度的2/3。Ⓦ

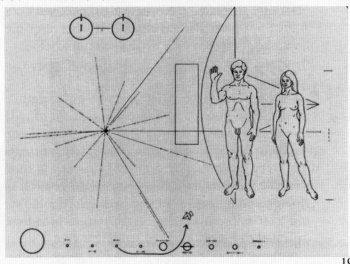

1971 年
林登-贝尔等提出银心存在大质量黑洞

从原始人好奇地仰望夜空中的银河,到明了银河乃是银河系的主体部分在天球上的投影,映照出人类文明的巨大进步。从1785年威廉·赫歇尔通过恒星计数初步建立银河系的图景,到20世纪大致查明银河系的基本结构,天文学家花费了大约200年的时间。

1971年,英国天文学家唐纳德·林登-贝尔和马丁·里斯提出,银河系中心应该有一个大质量的黑洞。这个黑洞吸积周围的物质,形成一个环绕着黑洞旋转的吸积盘。被吸积的物质落到盘上,原有的引力能就转化成为强烈的射电和红外辐射。据此,他们预言银河系中心应该有一个很强的射电源或红外源。

夜空银河美景Ⓝ

在通常的可见光波段,密集的星际气体和尘埃遮挡了我们投向银河系中心的视线。但是1974年,高分辨率的射电天文观测却在位于人马座的银河系中心方向辨认出一个明亮的射电源,它被命名为人马座A。射电图像显示人马座A实际上由东西两部分组成,东部是一个电离气体泡,有可能是一个超新星遗迹。西部是一个高温气体云,内部有一个非常强的致密射电源,称为人马座A*。后来,又观测到了这个源的红外和X射线辐射。

人马座A*没有表现出轨道运动,因此它很可能就稳坐在银河系的正中央,可以推断它的半径还不及土星的公转轨道那么大。高分辨率的近红外观测还发现,人马座A*近旁有一颗年轻恒星环绕它转动,周期为15.56年,由此可以估算其引力中心的质量约为三四百万倍太阳质量。通过分析它周围的气体云的运动,也可以推测它的中心是一个质量为300多万倍太阳质量的超大质量黑洞。

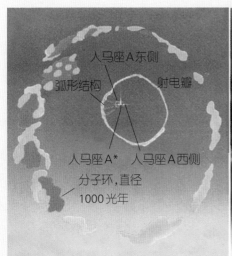

人马座A东侧
弧形结构
射电瓣
人马座A* 人马座A西侧
分子环,直径
1000光年

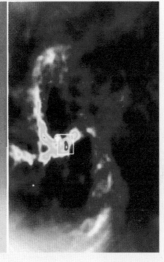

银河系中心 （左）延伸的分子环由一系列巨大的分子云组成（黄色），还有一个氢云（棕色）和星云（粉色）组成的联合体。（右）这幅射电图中旋臂气体正在向银河系的中心下落。图中央的射电点源就是人马座A*，据信它就是位于银河系最核心的超大质量黑洞。Ⓑ

人马座A*的中心有一个三叉状的微型旋臂，由热气体组成，直径约10光年。它的周围是一个由较冷的气体和尘埃组成的盘，称为核周盘。

人马座A周围的射电瓣充满着磁化气体，其中含有一些扭曲的弧形气体丝。更远一些有一个延伸的分子环，直径约1000光年。人马座A的射电图像显示出由炽热电离气体组成的旋涡结构，这些气体似乎在朝着银河系的正中心下落。2005年，中国天文学家沈志强等在3.5毫米波长进行的甚长基线干涉观测表明，人马座A*的尺度甚至比日地距离还小。

天文学家已经相当肯定，在一些星系的中心确实存在大质量黑洞。大质量黑洞吸积周围的物质，还可能为类星体等活动星系核提供能源。1973年，苏联天文学家尼古拉·伊凡诺维奇·沙库拉和拉希德·阿利耶维奇·苏尼阿耶夫建立了黑洞周围吸积盘的详细模型。当被吸积物质沿螺旋线轨迹落向黑洞时，就会变热并释放出巨额能量，同时沿垂直于吸积盘的方向抛射高速气体流，形成喷流和射电瓣。喷流将吸积盘内产生的磁场往外带到射电瓣中，对于产生观测到的辐射起着关键作用。

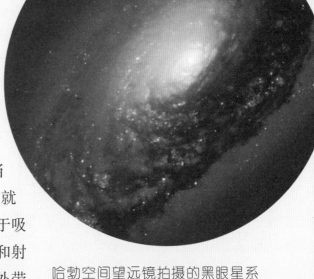

哈勃空间望远镜拍摄的黑眼星系M64 由两个星系碰撞合成，明亮的星系核心前面有一道黑带，它的中心有一个超大黑洞。Ⓦ

197

1973 年
美国宣布发现宇宙γ射线暴

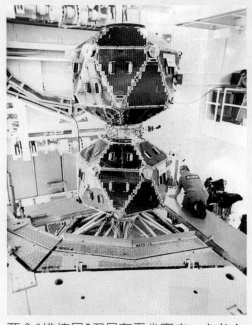

两个"维拉号"卫星在无尘室中 发射上天后它们将彼此分离。Ⓦ

波长介于0.01—0.001纳米之间的电磁辐射,有时被看做高能量的X射线,有时又被看做低能量的γ射线。波长更短因而能量更高的电磁辐射,就完全属于γ射线了。来自天体的γ射线会遭到地球大气的严重吸收,因而只能利用卫星、火箭、高空气球等在大气层外探测。

1962年美国发射的环月探测器"徘徊者3号"和"徘徊者5号"发现存在宇宙γ射线背景辐射,后来为"轨道太阳观测站3号"(OSO-3)、"阿波罗15号"、"小型天文卫星-B"(SAS-B)等探测证实。1967年OSO-3探测到来自银盘的能量高于50兆电子伏的γ射线辐射,在银心处最强,后来又为SAS-B、"轨道地球物理台5号"(OGO-5)、"特德-1A"(TD-1A)等探测证实。早期的γ射线天文学即由此起步。

再说1963年,美国和苏联签订了禁止地面核试验条约。从1963年10月到1970年4月先后共发射12颗用于监测大气层和外层空间核试验的"维拉号"(Vela)军事卫星。监视的方法,就是探测由核试验产生的γ射线暴,即γ射线的流量在短时间内急剧变化的现象。

1967年7月,"维

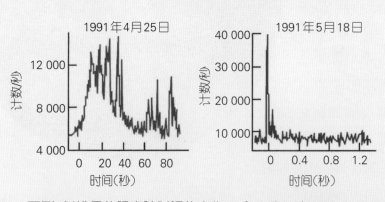

两例γ射线暴的强度随时间的变化 有些暴极其不规则,突然就冒出一个很锐的尖峰;另一些暴的强度变化则平缓得多。造成这种差异的原因尚未查明。Ⓑ

艺术家笔下发生在恒星形成区中的γ射线暴

拉3号"和"维拉4号"果然发现了第一个γ射线暴,美国军方顿时紧张起来。虽然最终查明它并非来自地面核试验,而是来自某个天体,但因涉及军事机密,故未记载在科学文献中。1970年4月,"维拉11号"和"维拉12号"卫星又多次记录到γ射线暴,每个暴的持续时间通常都短于1分钟。直到1973年,两位美国科学家分析已记录在案的16个γ射线暴的资料,估计它们在天空中的位置,排除了起源于地球和太阳的可能性,才向世人公布了他们的研究结果。

新发现的γ射线暴逐渐增多,人们面临的一个重要问题是:γ射线暴究竟源于何处,是远在银河系以外,还是就在太阳系近旁? 如果γ射线暴发生在太阳系附近,那么所有观测到的γ射线暴释放的能量总共也只有约 10^{19} 焦,还抵不上一次中等水平的太阳耀斑。如果γ射线暴发生在遥远的河外星系中,那么它在很短时间内爆发的能量就应同超新星相当,甚至更高。这个问题争论了很久,直到21世纪初,人们才根据数以千计的γ射线暴随机地出现在天空的各个方向上这一事实,基本上断定γ射线暴很可能源自银河系外。

有一些γ射线暴的特征非常惊人。例如1997年12月14日探测到一次γ射线暴,距离地球远达120亿光年,释放的能量比超新星爆发还大几百倍,有人称它为"超超新星"。它在50秒内释放的γ射线能量,竟相当于整个银河系200年的总辐射能量。在它邻近几百千米的小范围内,再现了宇宙大爆炸后千分之一秒那一瞬间的高温高密情形。1999年1月23日的那次γ射线暴,所释放的能量更是达到了1997年那次的10倍。

γ射线暴是20世纪最激动人心的天文发现之一,至今依然处于高能天体物理学研究的前沿。

两颗中子星互相碰撞而产生一个持续时间很短的γ射线暴

1974 年
赫尔斯和泰勒发现脉冲双星

根据爱因斯坦创建的广义相对论推断，任何具有质量的物体作加速运动时都应该产生引力波，这与带电物体加速运动时发出电磁波颇为相似。但是引力波极其微弱，地球上的任何物体——包括地球本身在内，质量都太小，它们所能产生的引力波都微弱得远远达不到可以实际探测的程度。

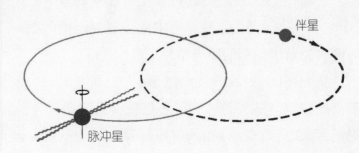

脉冲双星PSR 1913＋16的轨道运动示意图　此双星系统的两颗子星都是中子星，它们绕着公共的质量中心作椭圆轨道运动。Ⓑ

在地球上的实验室里办不到的一些事情，往往可以在宇宙这个"天然实验室"里实现。对于引力波的探测也是如此：当一颗大质量恒星坍缩成黑洞，或在超新星爆发时，都有可能造就产生引力波的必要条件——大质量物体作剧烈的加速运动。

验证引力波存在的另一条更有希望的途径，是研究脉冲双星轨道运动周期的变化。脉冲双星就是至少有一颗子星为脉冲星的双星系统。在全部恒星中，双星的数目可能占了将近一半，但是脉冲双星却相当罕见。

脉冲星是高速自转的中子星。中子星质量大、体积小，这使它的引力场变得极强，以至于其逃逸速度可以高达光速的2/3，即约20万千米/秒。换句话说，倘若在中子星上发射一艘宇宙飞船，那么飞船的速度必须高达20万千米/秒，才能最终摆脱中子星的引力桎梏。要是两颗半径仅约10千米的中子星彼此靠得很近，并因强大的引力作用而互相迅速地绕转，那么它们就应该发出可观的引力波，同时丧失一定的

美国天文学家小约瑟夫·胡顿·泰勒Ⓐ

能量。于是,这个双星系统的轨道半径就会逐渐缩小,运动周期就会随之变短。观测这类双星的轨道运动周期随着时间的变化,就有希望对引力波作出定量的检验了。

第一例脉冲双星 PSR 1913+16,正好是在休伊什因发现脉冲星而荣获诺贝尔奖的 1974 年,由美国天文学家小约瑟夫·胡顿·泰勒和他的研究生拉塞尔·艾伦·赫尔斯发现的。幸运的是,这一双星系统的两个子星都是中子星,而且彼此相距很近,轨道周期仅 7.75 小时,轨道偏心率为 0.617。在接下来的 4 年中,赫尔斯和泰勒用阿雷西博天文台口径 305 米的巨型射电望远镜对 PSR 1913+16 进行

美国天文学家拉塞尔·艾伦·赫尔斯Ⓦ

了上千次观测,推算出两个子星的质量分别为 1.4417 倍太阳质量和 1.3874 倍太阳质量,在测定恒星质量的历史上达到了空前的精确度。他们得出的这一双星系统的周期变化率,正好与广义相对论的预期值相符。PSR 1913+16 间接定量地证实了引力波的存在,成了对 1979 年爱因斯坦诞辰百年最好的纪念。

赫尔斯和泰勒继续对 PSR 1913+16 进行监测。20 世纪 90 年代初,他们已经很准确地知道这个脉冲双星的轨道运动周期为 0.322 997 462 天,周期的变化率为 -2.422×10^{-12},也就是说,每过一年轨道运动周期要缩短约 0.000 076 4 秒。这同广义相对论预言的双星系统转动能因辐射引力波而损失的速率精确地吻合。1993 年,泰勒和赫尔斯"因共同发现脉冲双星从而为有关引力的研究提供了新的机会"而荣获诺贝尔物理学奖。

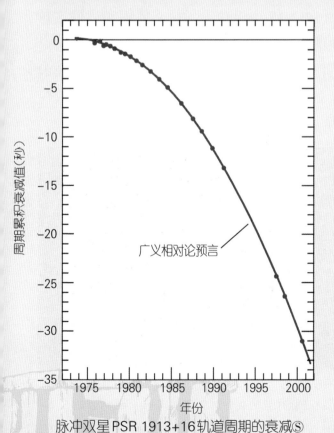

脉冲双星 PSR 1913+16 轨道周期的衰减Ⓢ

1977 年
掩星观测发现天王星环

天文学家事先就知道，1977年3月10日天王星将会掩食一颗名叫SAO 158687的恒星。也就是说，从地球上看去，天王星会从这颗星的前面经过，就好像发生日食时月球从太阳前面经过一样。这次掩星是研究天王星大气的良好时机，为此美国、中国、澳大利亚、印度等国的天文学家都进行了观测。

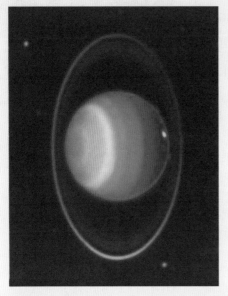

哈勃空间望远镜在红外波段拍摄的天王星照片　环带和几颗卫星清晰可见，天王星视圆面上的橙黄色斑块是云。Ⓦ

假如天王星没有大气的话，那么当它从被掩恒星前方经过时，被掩恒星的光就会突然被天王星本体遮挡住。但实际上天王星是有大气的，所以在天王星本体切实遮掩这颗恒星以前，它的大气就已经渐渐遮掩此星，因而星光应该是渐渐减弱的。另一方面，在天王星本体从这颗恒星前方经过之后，被掩恒星重新开始露头之际，天王星的大气还会继续遮挡部分星光，所以要再过一些时间，被掩恒星的光辉才会复原如初。据此，就可以反过来推测天王星大气的具体情况了。这些都在天文学家的意料之中。

然而，始料未及的是：在天王星本体掩星之前数十分钟，天文学家们还观测到了一组"次掩"；在天王星本体掩星之后数十分钟，又再次发生另一组类似的"次掩"。它们显然都不是天王星大气造成的。精细的分析表明，造成这些"次掩"

1986年"旅行者2号"飞越天王星时拍摄的天王星环系　图中可见的9个环从里往外依次被称为6、5、4、α、β、η、γ、δ和ε环。Ⓝ

的乃是环绕着天王星的一组环。原来，天王星也像土星那样，有环围绕！但是，天王星环却远不如土星环那么宽阔、明亮，所以天文学家宁愿称它为"环带"，而不是"光环"。在天王星环带中，最宽的 ε 环宽度也不足 100 千米，较小的环宽度仅约 10 千米，环与环之间却有上千千米宽的空隙。

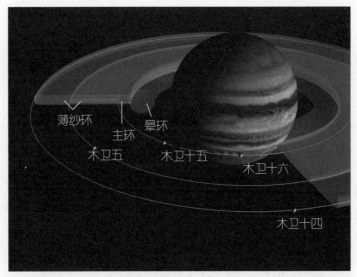

木星环Ⓦ

第一批天王星环的照片，是用美国的 5 米海尔望远镜在两个红外波段拍摄的。1986 年，"旅行者 2 号"探测器飞临天王星，拍摄了它的环带照片，并且发现了它的 10 颗小小的新卫星，其中最大的天卫十五直径也不过 150 千米。1997 年，再次出乎人们意料，美国天文学家又用海尔望远镜发现了它的 2 颗小卫星，它们是地面望远镜所曾发现的最暗弱的卫星。

天王星环的发现打破了土星光环的垄断局面。1979 年，"旅行者 1 号"探测器在穿越木星赤道面时又发现了木星环。1989 年 8 月，"旅行者 2 号"探测器到达海王星附近，通过近距离摄影又确认了海王星环。至此，人们已经知道太阳系的 4 颗类木行星——木星、土星、天王星和海王星都有环，而 4 颗类地行星——水星、金星、地球和火星则无一有环。查明行星环的成因，以及它们彼此各有差异的原由，将有助于人们加深了解太阳系起源和演化的历程。

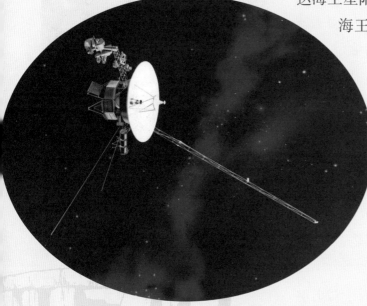

"旅行者 1 号"探测器Ⓦ

1979 年
发现首例引力透镜成像双类星体

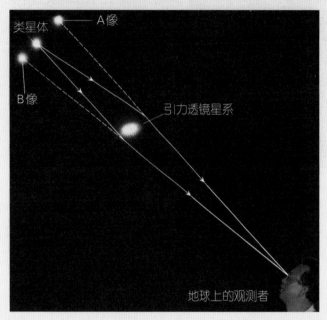

类星体　　A像
B像
引力透镜星系
地球上的观测者

引力透镜成像示意图　来自遥远类星体的光受居间星系引力场的作用，形成A和B两个像。该居间星系就是一个引力透镜。B

爱因斯坦创立的广义相对论预言，光线在引力场的作用下行进方向会发生偏折。例如，当星光从太阳附近经过时，就会受到太阳引力的作用而偏折。英国科学家爱丁顿等人在1919年首次通过观测日全食证实了这一预言。引力透镜现象，也是由光线的引力偏折造成的。

场造成的遥远光源的光线偏折，效果就会与透镜使光线聚焦相类似。当然，引力透镜成像的具体情况是千变万化的。倘若居间天体内的物质分布延展得很广，那么成像就会相当复杂。如果居间天体又非严格处于观测者到被成像天体的连线方向上，而是多少有些偏离，那么成像情况就会更加复杂。例如，同一个遥远天体有可能形成两个甚至多个像，或者所成的像具有很奇特的形状，如此等等。问题是：太空中当真存在这样的引力透镜吗？

首例引力透镜的发现，起因于对射电源0957+561的研究，此处的数字代表这

如果从观测者到遥远光源的视线方向上，中途有一个大质量的居间天体——例如有一个黑洞，那么由这个居间天体的引力

哈勃空间望远镜拍摄的引力透镜多重像　位于双鱼座中的星系团CI 0024+1654距离地球约50亿光年，其引力透镜效应使一个距离更远的旋涡星系形成5个像（图中呈蓝色）；1个像在星系团中心附近，另外4个散布在环绕它的一条弧线上。N

个射电源的赤道坐标（赤经9时57分，赤纬+56.1度）。那里有一对17等的蓝色恒星状天体，彼此相距仅5.7″，分别称为0957+561A和0957+561B。1979年3月，英国天文学家丹尼斯·沃尔什等通过观测它们的光谱，证明它们都是类星体。而且，它们的光谱特征又十分相似，天文学家由此联想：它们会不会就是同一个类星体的两个引力透镜像？

天文学家查明，双类星体0957+561A和B位于一个红移为0.39的富星系团天区内。在0957+561B近旁，有一个模糊的结构，它是这个星系团中最亮的星系像。正是这个居间星系起着引力透镜的作用，使一个遥远的类星体形成了0957+561A、B两个像。此后，引力透镜现象发现得越来越多了。例如由引力透镜效

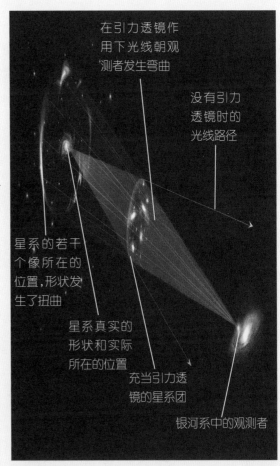

星系团作为引力透镜的成像示意图　来自遥远星系的光途经一个大质量星系团，就会偏离原来前进的方向。因此，从地球上的观测者看来光线就像是从别的方向发出的，于是形成多个畸变的星系像。⑧

应造成的像增亮、引力透镜弧或环、多重像等，也都获得了观测证实。

还有另一类现象称为"微引力透镜"，"微"是指引力透镜造成的光线偏折角度远远小于望远镜的分辨能力，但是像的增亮却仍能探测到。20世纪90年代以来，天文学家对微引力透镜的兴趣大为增长，这同探测暗物质密切相关。暗物质是由天文观测推断存在于宇宙中的不发光物质。例如，根据星系中恒星

星系团 Abell 2218核心部分的特写　它的引力透镜效应将背后所有的星系放大并扭曲，成为照片上红色、橙色、蓝色的弧。Ⓦ

运动的情况,用力学定律推算得出的星系质量叫做动力学质量;而通过统计星系中的恒星数目以及它们的发光情况,推算得出的质量叫做光度质量。天文学家发现,动力学质量总是比光度质量大得多。光度质量只是发光物质的质量,因此上述结果表明,必定还存在许多不可见的东西——即暗物质,动力学质量其实是发光物质与暗物质加在一起的总质量。

暗物质的本质究竟是什么? 这不仅是天文学的,而且也是物理学的一个基本问题。它有两类可能的答案。一类称为"弱作用重粒子"(英语首字母缩略词为WIMP),又常称为非重子暗物质,它们在某些方面类似于中微子,但质量却比质子还要大2—3倍;另一类称为"大质量致密晕天体"(英语首字母缩略词为MACHO),它们分布在星系晕中,是一些极暗弱的天体,例如白矮星、中子星、黑洞,以及类木行星等。

如果起透镜作用的居间天体具有恒星级别的质量,那么受它影响的星像亮度可以在几个月内变化约30%,光变曲线的形状在时间上对称,而且与颜色无关。从1991年开始,美国和澳大利亚的一些天文学家开始实施一项工程浩大的计划:通过监测大麦哲伦云中约1200万颗恒星的亮度,来探寻银河系中的大质量致密晕天体。

1993年,他们宣布发现了第一例微引力透镜。在6年左右的时间里,他们一共发现了十几例微引力透镜候选事件,亮度变化的时标从34—230天不等,相应的大质量致密晕天体质量在约0.15—0.9个太阳质量之间。由此可以推算出,在银河系暗晕中,大质量致密晕天体的质量总共只占约20%。因此可以认为,这基本上排除了银河系暗晕的质量完全由大质量致密晕天体构成的可能性。

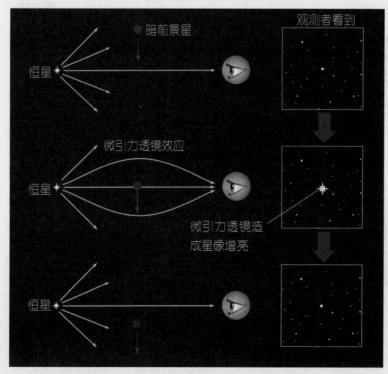

一颗暗前景星造成的微引力透镜成像 ⑧

1980 年代
赫克拉等完成大天区中等深度星系红移巡天

星系也像恒星那样,喜好成群聚团。通常,由引力束缚在一起的几个星系称为多重星系;由十几个到几十个星系组成的集团称为星系群;由数十个直到数以千计的星系聚集而成的庞大集团则称为星系团。星系群或星系团中的每个星系都称为它们的成员星系。

美国天文学家乔治·奥登·艾贝尔⑤

平均说来,每个星系团的成员数约为130个。成员数较多的星系团称为富星团。美国天文学家乔治·奥登·艾贝尔通过分析帕洛玛山天文台巡天(即POSS)资料,于1958年刊布了一份包含2712个富星系团的表,为研究星系团的结构、性质、动力学和演化提供了非常重要的素材。1989年,富星系团表又扩展到南天,星系团总数增加到了4073个。虽然不同星系团的成员星系数目差异很大,但星系团的线直径大小相差却不超过一个数量级,通常约为1000万光年。

距离地球3亿光年开外的后发星系团　(上)右上方带蓝色光芒的明亮天体是银河系内的一颗邻近恒星,除此之外图中的其他天体几乎全是星系。(下)哈勃空间望远镜拍摄的后发星系团局部区域。Ⓝ

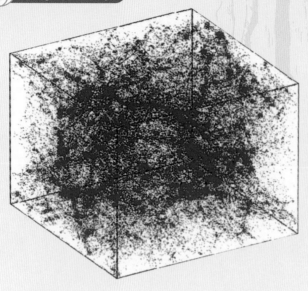

宇宙的三维结构 红移巡天令人惊奇地揭示，星系似乎聚集在许多硕大无朋的空心球的表面。这幅由计算机生成的图像所代表的范围约为整个可观测宇宙的1/20。①

星系团大致可分为规则星系团和不规则星系团两类。规则星系团外形近乎球状，常包含几千个成员星系，有一个星系高度密集——几乎全是椭圆星系或透镜状星系——的中心区。规则星系团常发射弥漫X射线，显示其内部存在温度高达10^8K的热气体。不规则星系团比规则星系团更多，它们结构松散，形状不定，中央也没有明显的星系集中区。范围较大的不规则星系团可以有几个聚集中心，在团内形成次一级的成群结构。不规则星系团包含各种类型的星系，其中暗星系往往占绝对优势，团内缺乏弥漫的星系际介质。

就像星系通过引力聚集成星系团一样，星系团本身也会聚集在一起形成更大尺度的结构，称为超星系团。超星系团的直径常可达2亿光年，并且边界往往和其他超星系团融合重叠。我们的银河系是"本星系群"——这是一个不很大的星系群——的成员。本星系群同它邻近的其他一些星系团和星系群一起组成了室女座超星系团，又称本超星系团，室女座星系团就是其中规模最大的成员。

美国天文学家约翰·赫克拉⑤

要更深入地了解星系在宇宙中的三维分布，除了确定它们在天球上的二维位置，还必须测定它们的光谱线红移，并进而借助哈勃定律推算出它们的距离。20世纪70年代中期，这类耗时费力的工作因CCD在天文观测中的运用而大幅提速。从1977年开始，美国哈佛大学史密松天体物理中心（简称CfA）的天文学家约翰·赫克拉等用口径1.5米的反射望远镜，花费5年时间测量了北天高银纬区约1400个亮于14.5等星系的红移——这称为CfA1,并结合位置信息,第一次获得了中等深度近邻宇宙的大尺度结构图像。第二次CfA巡天称为CfA2,由赫克拉和美国天文学家玛格丽特·盖勒发起,从1984年冬开始到1995年结束,测定了南天约18 000个亮星系的红移,并由此推算出它们的相对距离。

美国天文学家玛格丽特·盖勒①

1985年,赫克拉等用CfA1巡天数据绘制了一幅"宇宙切片"图。那是分布在一片长130°、厚6°的扇形天区中约1100个星系的观测结果,银河系位于这个扇形的顶点,径向坐标是红移乘以哈勃常数,相当于视向速度,单位是千米/秒。图中显示的星系分布并不是完全随机的,而像是分布在一些"气泡"状的巨大空洞的表面。更引人注目的是,图中在赤经8时到17时方向之间、视向速度从5000—10 000千米/秒的区域内,有一片分布密集而均匀的星系形成一个大尺度结构,仿佛一道由无数星系构成的巨大城墙横亘在天空中,被称为星系"长城"或"巨壁"。它可能是CfA巡天所取得的最重要的科学成果。

2000年,一个规模更大的星系红移巡天计划——斯隆数字巡天计划——开始实施。10多年来,由它绘制的图上天体的数目数以百万计。斯隆数字巡天证实了:在非常大的尺度上,星系的分布特征是均匀各向同性的。

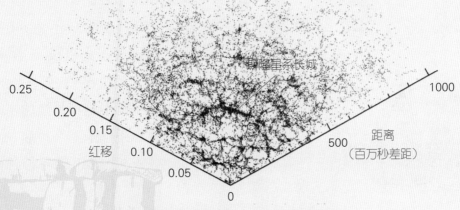

斯隆数字巡天所获得的宇宙大尺度结构①

1981年
古思提出暴胀宇宙模型

大爆炸宇宙论获得了巨大成功，但直到1980年，也还面临着一些重大的疑难问题，最主要的有视界疑难、平坦性疑难、磁单极子问题、结构起源问题等。

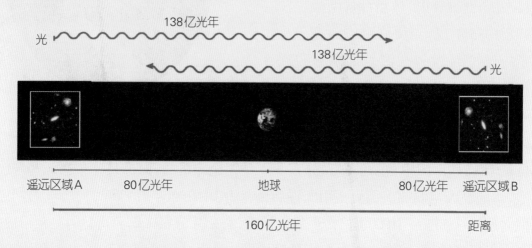

光　138亿光年

138亿光年　光

遥远区域A　　80亿光年　　　地球　　　　80亿光年　遥远区域B

160亿光年　　　　　　　距离

宇宙同谋疑难　在天空的相反方向上，我们可以看见宇宙中两个遥远的区域A和B，但它们却无法相互看见。从大爆炸至今的整个时间里，光还来不及从A传到B，或从B传到A。Ⓑ

首先是所谓的视界疑难，有时也谑称宇宙同谋疑难。天文学家知道，从很大的尺度上考察，遥远宇宙在不同方向上的总体状况都是一样的。例如，在相反的方向上各离地球80亿光年的两个遥远区域A和B，彼此间相距160亿光年。因为宇宙的年龄至今还不到140亿岁，所以就连光也没有足够的时间能从区域A传到区域B。光是宇宙中跑得最快的东西，既然连光都来不及传递，那么区域A和区域B的各种特征（如温度、物质密度、星系和星系团的类型等）怎么会如此一

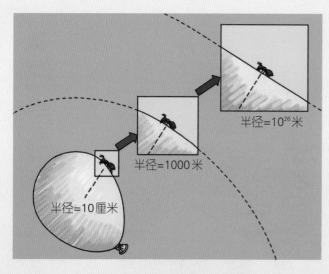

半径=10²⁶米

半径=1000米

半径=10厘米

暴胀使宇宙变得极为平坦Ⓢ

致,就像互相商量过一样呢?这就是"宇宙同谋"的含义。

宇宙中能够通过光信号发生因果联系的最大范围称为"视界"。随着宇宙不断膨胀,视界也在不断扩大。回溯到很久以前,宇宙的视界必定比今天小得多。在宇宙的极早期,视界的尺度极小,当时的宇宙就应该由许许多多彼此无关的区域构成。那样的话,宇宙又怎么能实现今天这样的高度各向同性呢?可见视界疑难和宇宙同谋实质上是一回事。

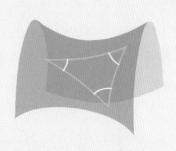

三种不同的几何学　(左)欧几里得平面三角形的内角之和为180°,(中)球面三角形的三个内角之和大于180°,(右)马鞍面三角形的内角和小于180°。©

其次是所谓的平坦性疑难,这涉及宇宙的几何性质。例如,欧几里得几何学告诉我们,一个平面三角形的三个内角之和是180°。但是,在球面上情况就不同了。设想从北极出发,沿0°经线(即本初子午线)到达赤道,再沿赤道向东走过90°,最后又沿90°经线穿过中国和俄罗斯返回北极。这样的一个球面三角形,三个内角之和就不是180°,而是270°了。与此相反,一个马鞍面上的三角形,三个内角之和又必定小于180°。宇宙究竟符合怎样的几何学?这有无数种可能性。但天文观测表明,简直太巧啦,我们的宇宙完全是"平坦的",即符合欧几里得几何学。这就要求宇宙早期的物质密度和膨胀速率必须很严格地处处相同:精确到小数点之后50多位数字才有所差异。事情为什么会这样呢?

此外还有一些其他问题,如磁单极问题和结构起源问题。在宇宙早期极高温的条件下,应该留下大量的遗迹粒子,例如磁单极子。磁

提出暴胀宇宙理论的美国物理学家、天文学家阿兰·哈维·古思①

单极子应与带电粒子只带正电荷(如质子)或负电荷(如电子)雷同,只有一个极性。然而,我们所见的任何磁性物质(例如磁铁)却都同时具有两个极性,即S极和N极。至今还没有任何人找到过哪怕是一个磁单极子,这又是为什么呢?

为了回答这些问题,美国物理学家阿兰·哈维·古思于1981年提出了极早期宇宙的暴胀模型。暴胀是指宇宙从大爆炸之后 10^{-35} 到 10^{-32} 秒的一个极短暂的阶段,在此期间宇宙的尺度几乎增大了 10^{50} 倍。由此倒推回去,可知宇宙的尺度在暴胀之前是极其微小的——比当时的视界还要小得多。因此,光线有充足的时间从宇宙中的任何一处旅行到另一处,温度、密度等各种物理状态也可以通过扩散而变得均匀。宇宙经过暴胀,尺度大大超越了视界,才成为彼此不再能"同谋"的多个系统。但此时原先的均匀性却保留下来了,宇宙背景辐射的各向同性正好体现了这一点。于是,视界疑难便不复存在。

暴胀过程和普通的宇宙膨胀很不一样。暴胀是由真空能量密度(也称为"负压强")驱动的,普通的膨胀则以辐射能量或物质为主导。因此,在暴胀过程中宇宙原来的不平坦性非但不会被放大,而且反倒极度地缩小了。即使原初宇宙并不平坦,经历暴胀以后也必定会变得十分平坦。平坦性疑难由此便迎刃而解。

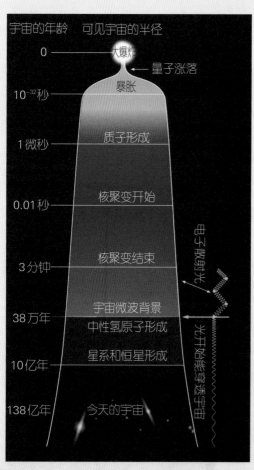

宇宙的历史示意图⑧

再说,宇宙在暴胀以前尺度非常之小,磁单极子即使存在,数量也微乎其微,今天人们见不到磁单极子的踪影也不足为怪了。诸如结构起源等其他问题,用暴胀理论也能很好地予以解释。1982年,俄裔美国物理学家安德烈·德米特里耶维奇·林德对暴胀宇宙模型作了修订,此后人们又进行了更深入的研究。正因为暴胀宇宙理论不仅解决了大爆炸宇宙论原先留下的种种问题,而且符合各种天文观测事实,所以获得了各国科学家的普遍认同。

1983 年
"红外天文卫星"升空

首先发现红外辐射的人,是英国著名天文学家威廉·赫歇尔。1800 年,他将温度计放在太阳光谱红端的外侧,发现那儿虽然没有任何可见的光,温度却相当高。这种处于红光外侧的不可见的光线就是红外线。

由于缺乏有效的探测手段,在长达一个多世纪的时间里,红外天文学进展十分缓慢。20 世纪 50 年代,首批用光电半导体材料制成的红外天文探测器诞生。50 年代后

1983 年 1 月发射的"红外天文卫星"(IRAS)Ⓦ

期至 60 年代前期,美国天文学家杰拉尔德·格里·诺伊格鲍尔等自制一台口径 1.57 米的红外望远镜,在 2.2 微米波长处巡视赤纬 – 33°以北的全部天空,发现了 5612 个红外源。1965 年,还发现了华裔美籍天文学家黄授书在 4 年前预言存在的红外星,这是现代红外天文学的重要里程碑。由于仪器本身和周围环境在常温下发出的红外辐射相当强,所以必须对望远镜的某些部件和探测器制冷降温,使它们自身的红外辐射大大减弱,而不致淹没来自天体的红外辐射。

在可见光波段,星际尘埃会遮蔽星系和气体云中许多最令人感兴趣的区域。对于红外波段,星际尘埃却比较透明。这种巨大的观测潜力,促使一批性能优异的红外望远镜相继问世。英国的联合王国红外望远镜(简称 UKIRT)和美国的红外望远镜设备(简称 IRTF)都安装在夏威夷海拔 4200 米的莫纳克亚山顶,从 20 世纪 70 年代晚期开始运行。另一方面,20 世纪 70 年代还在高空飞机和气球平台上进行了远红外辐射空间观测的先驱性实验。

1983 年 1 月,美国、荷兰和英国联合研制的"红外天文卫星"(简称 IRAS)发射升空。它有一架口径 0.6 米的望远镜,专门用于系统的远红外巡天。它发现了数以十万计的新红外源。在地面不能探及的 12、25、60 和 100 微米这 4 个远红外波段绘制了完整的天图。IRAS 工作了 10 个月, 对天文学的几乎所有分支都有

IRAS测绘的银心附近的银河图像 在红外波段看到的这条窄带,对应于在可见光波段所见的暗尘埃带。图中最暖的物质用蓝色表示,红色则为较冷的物质。沿着这条带散布的黄色和绿色的点状及泡状物,温度中等,是被附近恒星加热的巨大星际气体——尘埃云。①

重大影响:例如在火星和木星轨道之间发现3个绕太阳转动的尘粒环,它们可能是小行星互撞或与彗星碰撞留下的碎片;发现宇宙中许多地方正在形成恒星的证据;发现大批在远红外波段的辐射超过光学波段的亮红外星系和极亮红外星系等。

1997年哈勃空间望远镜第二次维修,装上了新研制的近红外照相机,可以在近红外波段进行与可见光相似的成像观测。由此不仅摆脱了大气层的影响,而且能充分利用哈勃空间望远镜主镜镜面较大的优势,获得尽可能高的灵敏度和角分辨率。

斯皮策红外空间望远镜ⓦ

2003年8月25日,美国发射了"斯皮策红外空间望远镜"(简称SIRTF),主镜是一个直径85厘米的透镜。SIRTF独特的轨道使它可以"躲"在地球的影子里免遭太阳直接照射,在太空中保持尽可能低的温度。它是迄今灵敏度最高的空间红外望远镜。2009年5月,欧洲空间局的"赫歇尔红外空间望远镜"(又称"赫歇尔空间天文台")发射成功。它是第一个对整个远红外和亚毫米波段进行观测的空间天文台,其反射镜口径为3.5米。

2010年上海世博会期间荷兰馆展出的赫歇尔红外空间望远镜模型(2010年7月10日卞毓麟摄)Ⓑ

1986 年
哈雷彗星的空间探测

14世纪初的意大利画家乔托是文艺复兴时期的第一位绘画大师。1301年哈雷彗星回归时,它那明亮的彗头和长长的彗尾给乔托留下了极深的印象。两年后,他完成了著名的壁画《博士朝圣》,画面上部有一颗形态逼真的大彗星。可以认为,那正是哈雷彗星的化身。

人们掌握了计算彗星轨道的方法,用照相术留下了彗星的永久性形象,用分光法获悉了彗星的化学成分。但是,要确切查明彗星物质的模样,还得发送宇宙飞船直接去搜集和考察它的样品。1985年9月11日,美国的"国际彗星探测者"成功拦截了贾可比尼—津纳彗星,在距离地球7100万千米处从彗发中穿过,从而成为世界上第一个探测彗星的宇宙飞行器,结果证实了彗星主要由冰和尘埃组成。

哈雷彗星自1910年回归之后,于1985年底再次回归。为此,国际天文学联合会组织了世界范围的联测。1985年11月,哈雷彗星抵达最靠近地球的位置,这时它与地球相距9200万千米,可以用普通的双筒望远镜看见。为了抓住这次大好机会,苏联、日本、西欧先后发射了5艘宇宙飞船专程前往与它相会。

1984年12月,苏联发射了"维加1号"和"维加2号"金星—哈雷彗星探测器。它们先去探测金星,然后继续飞往哈雷彗星。1985年1月,日本发射了其第一艘飞船"MS-T5";同年8月,又发射了第二艘,名叫"行星A"。当年11月它们发回的资料表明,从哈雷彗核释放出来的气体氢的

1986年3月8日在澳大利亚拍摄的哈雷彗星ⓦ

数量在有规律地变化,这可以归因于彗核每2.2天自转一周。但是,日本的这两艘飞船不能到达离哈雷彗星很近的地方。

1986年3月,上述宇宙飞船直接观测了哈雷彗星及其紧邻的周围环境。特

1988年在第20届国际天文学联合会大会会场展出的乔托号飞船模型（1988年8月5日卞毓麟摄）Ⓑ

别是"维加2号"于3月9日进入哈雷彗星的大气，抵达距离彗核约8200千米的地方，发回的彗核图像清晰地展现了它的形状和大小。"维加号"探测器还首次发现彗核中存在二氧化碳，并找到了简单的有机分子。彗星的高速尘埃粒子随时都有可能摧毁这艘飞船，因此这是一次相当冒险的飞行。

欧洲空间局更为大胆，它要使自己的飞船切入哈雷彗星的主体，离彗核只有数百千米。这艘飞船被命名为"乔托号"，因为乔托在近700年前就以画家的眼光绘下了哈雷彗星的形象。"乔托号"高3米、直径1.8米、重950千克，它于1986年3月14日飞到距离哈雷彗核不足600千米处，拍摄了1480张彗核照片。在发送了34分钟的资料之后，因遭到彗星尘粒的轰击，有大约半数的仪器被毁并停止工作。"乔托号"拍摄的照片显示，哈雷彗核的形状可以比拟为一只马铃薯或一粒花生，它非常暗，有3处地方射出由细尘组成的喷流。大约90%的彗星尘埃似乎由含碳物质构成，而在此之前，人们曾以为彗星尘埃的主要成分是硅酸盐。哈雷彗核的尺度超出预期：长约15千米，宽约8千米。

这些探测结果形成了一幅比较完整的哈雷彗星图像，支持了美国天文学家弗雷德·劳伦斯·惠普尔于1949年提出的"脏雪球"模型：彗核由冰冻的气体分子夹杂着细尘粒组成。

美国天文学家弗雷德·劳伦斯·惠普尔（1927年）Ⓦ

1986年3月"乔托号"飞船近距离拍摄的哈雷彗核图像Ⓝ

1987 年
观测大麦云超新星 1987A

肉眼能看到的超新星很稀罕。从历史文献中确认的,自古以来一共只有9次,全都在望远镜发明以前。我国古籍中对这9次超新星爆发都有可靠的记录,公元1054年的金牛座天关客星就是著名的一例。这9次中的最后一次是公元1604年的蛇夫座超新星,开普勒对它进行了仔细的观测研究,因此它又称为开普勒超新星。这些超新星都位于银河系内。

后来用天文望远镜又观测到大量位于河外星系中的超新星,即河外超新星。1987年2月23日,人们观测到银河系的近邻大麦哲伦云中出现一颗超新星,称为超新星1987A。它最亮时差不多有北斗七星那么亮,是1604年以来用肉眼就能看见的唯一一颗超新星。

葡萄牙航海家费迪南·麦哲伦 他率领船队进行人类历史上第一次环球航行,1520年经过美洲最南端那个海峡(后称麦哲伦海峡)时,发现并记下了天空中肉眼可见的两个云雾状天体,后来分别称为大麦哲伦星云(即大麦云)和小麦哲伦星云(即小麦云)。Ⓦ

超新星分为两大类,即Ⅰ型和Ⅱ型超新星。Ⅰ型超新星可以认为是一类特殊的变星。Ⅱ型超新星是大质量恒星垂死时将外壳猛抛到宇宙空间中去的剧烈爆炸。当质量大于约10倍太阳质量的恒星,演化到铁核心的质量超过1.4倍太阳质量(钱德拉塞卡极限),就会开始坍缩,形成一个几乎全部由中子构成的极端致密的核。恒星的外层物质持续下落,与坚硬的核心发生碰撞,就会以上万千米每秒的速度向外反弹,并释放出巨额能量,导致恒星亮度陡增,这就是Ⅱ型超新星爆发。这一过程会持续几个月,然后逐渐变暗,包含超新星爆发碎片的残骸则会形成一个星云。

1987A是一颗典型的Ⅱ型超新星。它首先是在光学波段观测到的,1987年5月其视星等约为3等。它的位置同一颗名叫桑杜利克69202的蓝超巨星重合,这颗蓝超巨星的光谱型为B3,表面温度13 000开,质量将近太阳的20倍,半径为

超新星1987A （左）超新星爆发（箭头所指）前拍摄的照片，（右）爆发时的照片。ⓒ

太阳的50倍，光度为太阳的9.5万倍。随着超新星的爆发，桑杜利克69202消失了，这正表明它就是超新星1987A的前身星。

在超新星1987A爆发的前一天，人们探测到了来自大麦云的中微子脉冲式爆发现象，持续时间约12秒。在中微子脉冲过后几小时，才在可见光波段观测到超新星，因为中微子基本上直接来自前身星的坍缩核，可见光信号则通过超新星包层扩散而来。超新星1987A的中微子流量正好与中子星形成理论所预期的量级相同，这对于检验恒星演化理论是非常有力的证据。

超新星1987A初始爆发后，光度以77天为半衰期不断下降。直到约800天之后，光度下降速率减小。这个超新星的光度及其变化表明，其包层中存有约0.07倍太阳质量的镍56，这同超新星爆发的核合成理论预期值相当吻合。众多的观测结果证实了有关超新星光变曲线以及在爆发中形成铁峰元素的放射性理论。

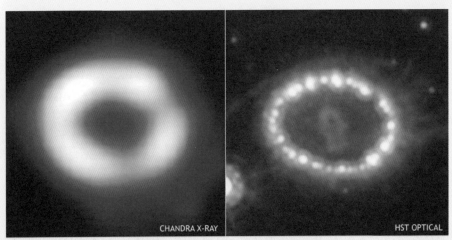

膨胀中的超新星1987A环状遗迹及其与周围环境的相互作用　左图为钱德拉X射线望远镜（X射线波段）、右图为哈勃空间望远镜（可见光波段）获得的观测图像。Ⓦ

1990 年
COBE卫星测得宇宙微波背景辐射的黑体谱

1965年宇宙微波背景辐射的发现,为宇宙起源的大爆炸理论提供了有力佐证。此后,科学家们在各个波段作了许多测量,以进一步确认背景辐射是否来自炽热的早期宇宙。然而,在关键性的毫米波段,由于地球大气层的吸收严重,观测非常困难。理想的解决办法是到地球大气层外进行空间观测。为此,美国于1989年发射了"宇宙背景探测器"(简称COBE)卫星。

COBE1990年测得的宇宙微波背景辐射　背景辐射的温度在狮子座方向略偏高,在相反的方向则略偏低,与平均温度的最大偏差为0.003 4K。这相应于存在一个朝狮子座方向以400千米/秒运动的速度,其中应包含太阳在银河系内的运动、银河系在本星系群内的运动以及本星系群的运动。Ⓦ

COBE的研制,早在1970年已经开始。当时,这一项目的负责人美国天文学家约翰·马瑟开始着手理论和设计工作,经过上千名科学家和工程师近20年的努力,COBE终于发射成功。COBE有3台主要仪器:弥漫红外背景探测器(简称DIRBE),用于观测红外和微波背景辐射;远红外绝

宇宙背景探测器(COBE)Ⓦ

219

COBE观测到的微波背景辐射各向异性　这种各向异性的幅度仅为10^{-5}量级。它由宇宙原初扰动形成，原初扰动密度特别大的部分就是日后形成星系的"种子"。Ⓦ

对分光计(简称FIRAS)，用于观测宇宙微波背景辐射并与黑体辐射谱进行比较；较差微波辐射计(简称DMR)，用于探测宇宙微波背景辐射的各向异性行为，是由美国天文学家乔治·斯穆特负责的一个子项目。

　　1990年，根据COBE卫星的首批观测数据，已经可知宇宙微波背景辐射强度随波长的分布非常接近于标准的黑体辐射谱，相应的黑体温度为2.735 ± 0.016开。后来，温度数值又有细微的改进。如此高的精度，令人信服地表明了大爆炸宇宙论的正确性。至于斯穆特的子项目，他在1992年宣布，宇宙微波背景辐射在大角度范围上是十分均匀的；但另一方面，他们又发现，在小角度范围上，不同方向的微波背景辐射存在着极细微的温差，其涨落幅度为十万分之几。这些观测结果，对于现代宇宙学来说具有划时代的意义。正是存在于宇宙早期的这种极微小的不均匀性，在日后不断增长，最终导致

美国天文学家乔治·斯穆特Ⓞ

美国天文学家约翰·马瑟Ⓞ

了星系、恒星的形成。为此，马瑟和斯穆特荣获了2006年的诺贝尔物理学奖。

COBE的成就促进了许多新项目的实施，其中包括美国于2001年6月30日发射的"威尔金森微波各向异性探测器"（简称WMAP）。它处于一个环绕太阳的稳定轨道上，始

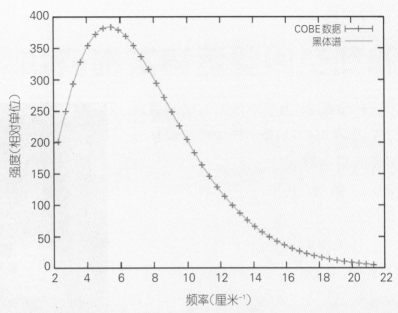

COBE的首批观测结果　它表明宇宙微波背景辐射相当于温度为2.735±0.016开的黑体辐射。小十字是观测值，曲线是理论拟合的黑体谱。⑧

终距离地球150万千米（即位于日地系统拉格朗日点L2上）。WMAP重830千克，有两架口径1.5米的望远镜，可以接收来自两个不同方向的毫米波辐射，角分

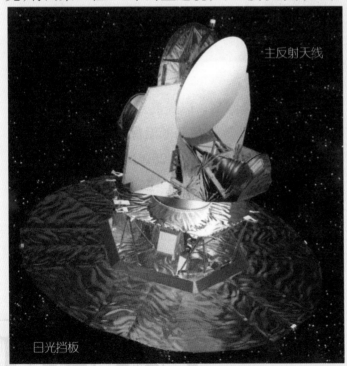

威尔金森微波各向异性探测器Ⓦ

辨率要比COBE高15倍以上。这个探测器以威尔金森命名，是对著名宇宙学家、宇宙微波背景辐射专家戴维·托德·威尔金森表示敬意。2009年，欧洲空间局发射"普朗克空间望远镜"，目标也是观测研究宇宙微波背景辐射。它以德国著名理论物理学家马克斯·普朗克命名，其灵敏度和分辨率都比WMAP更高。

1990 年
哈勃空间望远镜发射成功

在地面上，由于地球大气层的影响，单个光学望远镜的角分辨率能达到1″已经不容易；而在地球大气层外，却可以得到0.1″的角分辨率。

1990年4月，美国用"发现号"航天飞机将一架主镜口径2.4米的光学望远镜送入太空。此镜以20世纪最伟大的天文学家埃德温·鲍威尔·哈勃的姓氏命名，称为"哈勃空间望远镜"（简称HST）。它全长13米，总重11.6吨，轨道高度约600千米。它的设计工作寿命是15年，每3年进

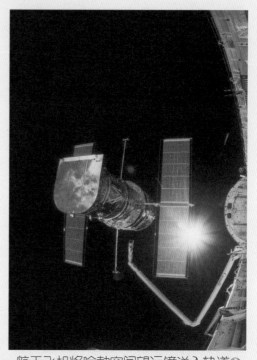

航天飞机将哈勃空间望远镜送入轨道Ⓝ

行一次维修，同时更换一些辅助设施。

哈勃空间望远镜的造价超过20亿美元，其中15%由欧洲空间局分担。发射升空后，天文学家意外地发现它的成像质量颇成问题。这件事情非常棘手，当时考虑了三种补救办法。第一种方案是用航天飞机把哈勃空间望远镜拉回地面，重新换一个主镜，但这样做时间太长，要到1996年才能重返太空；第二种方案是让宇航员上天，在望远镜的光路中插入一个改正镜，就像给望远镜戴上一副眼镜以纠正它的视力，但是哈勃空间望远

哈勃空间望远镜曝光8小时拍摄的深场照片　图中的旋涡星系UGC 10214别名"蝌蚪星系"，距离地球约4.2亿光年。背景中还有成百上千的星系，其中有不少与地球相距几十亿光年。照片中最暗的天体为29等。Ⓝ

镜的设计并未为加戴一副"眼镜"预留位置。真正实施的是第三种方案：1993年12月2日，"奋进号"航天飞机载着7名宇航员和8吨器材，进入太空抓住哈勃空间望远镜，对它进行首次维修。其中的关键是拆除原来的高速光度计，换上能够矫正望远镜"视力"的新光度计。修复后的哈勃空间望远镜源源不断地向地面送回极佳的图像资料，美国国家航空航天局

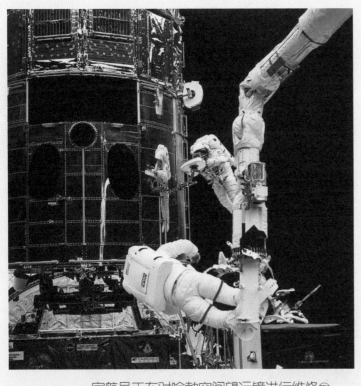

宇航员正在对哈勃空间望远镜进行维修 Ⓦ

的一位主管人士说，它"修得比我们最大胆的梦想还要好"。这项创举显示出人在太空中从事高难度操作的能力，为日后兴建空间站积累了丰富的经验。

维修后的哈勃空间望远镜分辨率达到了0.1″。这个角度的大小相当于将一块圆蛋糕平分给全北京市的人，每人分到的那一小块的尖角。哈勃空间望远镜在空间光学观测领域中独占鳌头，所取得的大量观测资料对整个国际天文界产生了巨大影响。例如，它观测到了离我们远达100多亿光年的星系，证明有些星系的中央存在着超大质量的黑洞，还使天文学家得以更准确地追溯宇宙早期的历史……同时，它以空前的清晰度拍摄了大量天体的精美图片，也令全世界公众叹为观止。

哈勃空间望远镜后来又于1997年、1999年、2002年和2009年成功地经历了4次太空维修。如今，它的"接

哈勃空间望远镜2013年拍摄的木星和木卫二　在照片上可以发现从木卫二南极附近喷出的水蒸气。Ⓦ

大熊座旋涡星系①

1962年9月11日韦布（左一）、约翰逊副总统（左二）、发射中心主任库尔特·德布斯（右二）以及肯尼迪总统（右一）在卡纳维拉尔角发射试验场第34号掩体中视察Ⓦ

班人"已经确定：美国、加拿大与欧洲空间局共同计划于2018年发射一架新一代的空间望远镜。它在2002年被冠以美国国家航空航天局第二任局长詹姆斯·韦布的姓名，称为"詹姆斯·韦布空间望远镜"（简称JWST）。韦布在1961—1968年担任局长期间，领导实施了阿波罗计划等一系列非常重要的空间探测项目。

韦布空间望远镜比哈勃空间望远镜更先进而廉价。一旦进入太空，它将如花瓣似地展开6.5米口径的拼接镜面。它的灵敏度为哈勃空间望远镜的7倍，主要在红外波段工作，因而又被认为是一架红外空间望远镜。至于它究竟会给人类带来怎样的新发现，让我们拭目以待吧。

在美国得克萨斯州奥斯汀市展示的詹姆斯·韦布空间望远镜模型 它有一个网球场大，4层楼高。Ⓦ

1990 年代
美国建成口径 10 米的凯克望远镜

苏联于1976年建成的口径6米的反射望远镜
主镜ⓦ

1948年美国的5米海尔望远镜落成后,不少天文学家认为,材料、设计、工艺、结构等多方面的重重困难,似乎已经使制造更大的反射望远镜成了镜花水月。例如,制造大块光学玻璃本身就是一大难题,而且它只要有极微小(例如温度变化所致)的形变,就会使星像变得模糊。因此,海尔望远镜在落成后的30年内,没有任何新的望远镜可以与之媲美。

1976年苏联建成一架口径6米的反射望远镜,镜身长25米,整个可动部分重量超过650吨。它转动灵活,但性能并不尽如人意。

制造更大的天文望远镜,关键在于设计理念和相关技术两方面的革新。20世纪70年代以来人们开始设想,既然做大镜子如此困难,那么能不能做成许多小的,再把它们结合成一个大的呢?

美国天文学家首先用6块口径1.8米的反射镜互相配合,使它们的光束聚集到同一个焦点上。这时,其聚光能力便相当于一架口径4.5米的反射望远镜,分辨细节的本领则与口径6米的望远镜相当。这种设备叫做"多镜面望远镜"。多镜面望远镜的每一块镜面本身还是彼此分开的,最好是先造出许多较小的镜子,然后实实在在地把它们一块块拼接成一个整体。这项工作极为精细,但是依仗

位于夏威夷莫纳克亚山上的北双子望远镜口径8.1米 它的"孪生兄弟"南双子望远镜坐落在智利的安第斯山中。◑

屹立在夏威夷莫纳克亚山巅的凯克I和凯克II望远镜◎

计算机技术的帮助,它终于成了现实。这就是今天很前卫的"拼接镜面"技术。

大型望远镜对准不同的方向时,其自身的姿态就在不断变化,镜子各部分承受的重力也随着改变,反射镜面的形状也会随受力状态的改变而发生微小的变化,最终结果是降低了成像质量。人们起初总是把玻璃镜坯做得厚厚的,企图依靠玻璃自身的刚度,来抵御可能造成的形变。

其实,巨大的镜面不可能绝对不变形。于是人们又想到,可以在较薄的反射镜背面装上一系列传感器,凭借电子计算机随时测出镜面实际形状与理想状态的偏差;据此,计算机又立即发出指令,让镜面背后不同部位的促动器分别施加相应的推力或拉力,将畸变的镜面形状随即纠正过来。这就是著名的"主动光学"技术。由此,反射镜就不必造得那么厚、那么笨重了,整个望远镜的造价也随之大大降低。例如,著名的"双子望远镜"的反射镜口径达8.1米,厚度却仅有2厘米。与此同时,还有一项新技术称为"自适应光学",可用来尽可能消除大气扰动的影响,改善星像的分辨率。

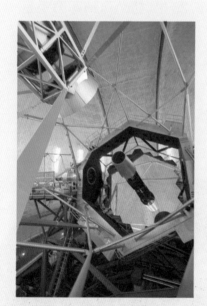

凯克望远镜主体近景◎

20世纪80年代后期以来,人们运用这些新技术,终于造出了更大更好的光学望远镜。1993年美国建成一架口径10米的"凯克望远镜",其主镜由36块直径1.8米的正六角形反射镜拼接而成。5块口径10米的镜面几乎就可以盖满一个篮球场,而镜子的厚度却只有10厘米。1996年,又建成了一模一样的第二架。它们因得到凯克基金会资助而分别冠名为"凯克I"和"凯克II"。每架凯克望远镜有8层楼高,重300吨。每秒两次的主动光学系统调整可以有效地矫正重力造成的形变。另外,相距85米的凯克Ⅰ和凯克Ⅱ还可组成光学干涉仪,联合作业时在特定方向上的分辨能力相当于口径85米的单一望远镜。凯克Ⅰ和凯克Ⅱ是当时世界已投入工作的口径最大的光学望远镜,有如一对双胞胎,屹立在夏威夷海拔4200米的莫纳克亚山巅。那里得天独厚的地理和气候条件,非常适宜天文观测。

甚大望远镜(VLT)由4架口径8.2米的反射望远镜组成①

　　一些西欧国家联营的欧洲南方天文台,于2000年建成了由4架相同的反射望远镜组成的"甚大望远镜"(简称VLT),其中每一架的主镜都是整块的薄镜面,口径都是8.2米,镜筒各重100吨。每一架望远镜可以分头独立使用,也可以将4架望远镜联合起来,这时总的聚光能力就相当于一架口径16米的巨型反射望远镜了。

　　目前世界上已建成一批8—10米级的望远镜,它们为进一步研制口径30—50米的望远镜积累了经验。例如,以美国和加拿大天文学家为主多方合作研制的"三十米望远镜"(简称TMT),主镜口径为30米,由492块1.4米的子镜拼接而成。欧洲南方天文台正在预研的"欧洲超大望远镜"口径达42米,反射镜面由906块1.45米的子镜构成。这架望远镜造价约12亿美元,最早将于2017年竣工。

三十米望远镜(TMT)
艺术效果图①

1991 年

美国发射康普顿γ射线天文台

美国物理学家康普顿Ⓦ

哈勃空间望远镜成功发射之后一年,美国又于1991年4月将第二个空间天文台发射上天。它称为康普顿γ射线天文台(简称CGRO),为纪念美国物理学家阿瑟·霍利·康普顿而命名。康普顿本人因发现高能光子与电子的散射效应即"康普顿效应",而于1927年荣获诺贝尔物理学奖。

康普顿γ射线天文台(CGRO)可观测宇宙中30千电子伏至30吉电子伏能区的高能γ射线。2000年6月,它因陀螺仪发生故障而按指令脱轨燃烧,以碎片进入大气层的方式安全地结束使命。

CGRO重17吨,携带着4台仪器:暴发和暂现源探测器(简称BATSE)、定向闪烁谱仪(简称OSSE)、康普顿成像望远镜(简称COMPTEL)和高能γ射线望远镜(简称EGRET)。除绘制弥漫γ射线背景辐射图、发现γ射线脉冲星、观测太阳耀斑和活动星系核外,CGRO特别对γ射线暴进行了全面系统的监视。BATSE发现的2700余个γ射线暴随机出现在天空的各个方向上,这与星系或类星体的分布很相似,而与银河系内天体向银道面集中的趋势完全不同。由此可以推断,这些γ射线暴很可能源自银河系外。EGRET发现了271个γ射线点源,但其中仍有2/3的源尚未能辨认。COMPTEL测绘银河系内铝26的分布,指示了银河系的恒星形成区。OSSE还发现了来自X射线双星与赛弗特星系的γ射线辐射。

CGRO科学成果丰硕,但是它的角

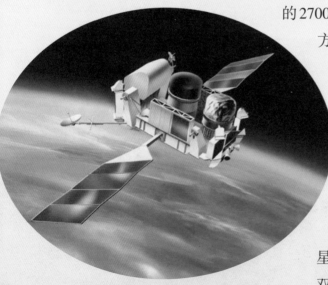

1991年美国发射的康普顿γ射线天文台艺术形象图Ⓝ

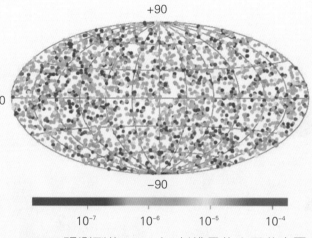

BATSE 观测到的 2704 个γ射线暴的全天分布图
不同颜色代表不同强度(或流量)的γ射线暴。对
颜色标尺的详细说明从略,从紫色到红色的强度
差异约达 1 万倍。Ⓝ

分辨率太低,仅为 1°左右。1996 年,意大利和荷兰合作发射了"贝波 X 射线天文卫星"(简称 BeppoSAX)。此处贝波(Beppo)是意大利物理学家奥基亚利尼之教名朱塞佩(Giuseppe)的昵称,SAX 是意大利语"X 射线天文卫星"的首字母缩略词。这颗卫星的观测波段从 X 射线直到γ射线。它的定位精度约 1′,对寻找γ射线暴的光学对应体很有利。1997 年 2 月 28 日,天文学家首次找到一例这样的对应体,称为γ射线暴的"光学余辉"。后来,人们又陆续发现一些γ射线暴的射电余辉、X 射线余辉和光学余辉,并进而断定γ射线暴远远位于银河系以外,是处在宇宙学距离上的天体。余辉使人们能够在γ射线暴发生之后继续进行长达数月、甚至数年的观测。2003 年贝波 X 射线天文卫星脱离轨道坠入太平洋。

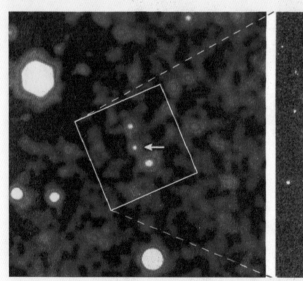 

"贝波 X 射线天文卫星"探测到的γ射线暴 GRB 971214(数字表明记录日期是 1997 年 12 月 14 日)的光学余辉(图中箭头所指) 左图是 2 个月后用口径 10 米的凯克望远镜拍摄的,右图是又过了 2 个月用哈勃空间望远镜拍摄的,余辉已明显变暗。两幅照片颜色不同,是因为拍摄时用了不同的滤色镜。Ⓝ

2004年11月,美国发射"雨燕号"γ射线暴监测卫星,可以在γ射线、X射线、紫外和可见光4个波段同时观测γ射线及其余辉。2009年4月23日,"雨燕号"观测到一个距离地球131亿光年的γ射线暴。实际上,这次γ射线暴发生的时候,宇宙的年龄还不到7亿岁。

2008年6月,美国、德国、法国、意大利、日本和瑞典联合运营的"γ射线大面积空间望远镜"(简称GLAST)发射成功。它不仅视场大、有效接收面积大,而且可测量的能谱宽,灵敏度也比先前的任何γ射线望远镜高得多。为了唤起人们对γ射线天文学

"雨燕号"γ射线暴监测卫星Ⓝ

和高能天体物理学的重视,美国国家航空航天局举办公开竞赛,为这架望远镜征集一个吸引人的新名字。2008年8月26日,此镜正式更名为"费米γ射线空间望远镜",以纪念著名的意大利高能物理学家恩里科·费米。不久,它就有了一项重要发现:2008年9月记录到的船底座γ射线暴 GRB 080916C,爆发的能量相当于9000颗超新星爆发,它的相对论性喷流运动速度至少达光速的99.999 9%,因而独揽了"目前所见最高的总能量、最高能量的初始辐射、最快的运动"这样三顶笑傲苍穹的桂冠。

2008年5月"费米γ射线空间望远镜"卫星本体在美国佛罗里达州卡纳维拉尔角肯尼迪航天中心整装待发Ⓝ

1992 年
首次发现柯伊伯带天体

　　荷兰裔美国天文学家柯伊伯生于 1905 年，1927 年毕业于荷兰的莱顿大学，留校工作了几年，1937 年入美国籍，先后在哈佛大学、芝加哥大学执教，在叶凯士天文台、麦克唐纳天文台任台长，成就卓著。

荷兰裔美国天文学家柯伊伯①

　　1951 年，柯伊伯为解释海王星轨道的微小摄动，提出设想在海王星轨道以外离太阳 40—50 天文单位处有一个彗星带，后称"柯伊伯带"。如今一般认为，柯伊伯带的范围实际上还更大些，约延伸在离太阳 30—100 天文单位的广阔空间。位于此带中的小天体统称为柯伊伯带天体，其中既有大量彗星和小行星，也有少数矮行星。公转周期不超过 200 年的彗星称为"短周期彗星"，通常认为，柯伊伯带便是短周期彗星的聚居地，其中的彗星可能多达数十亿颗。

　　1973 年，柯伊伯在墨西哥城去世。将近 20 年后，1992 年 8 月，有两位美国天文学家发现一颗与太阳相距约 44 天

荷兰莱顿大学一景①

阅神星和阅卫一Ⓦ

鸟神星Ⓦ

文单位的小行星,暂定名1992QB1,直径约160千米,公转周期约290年。除了日后被天文学家认定同为柯伊伯带天体的冥王星和冥卫一以外,1992QB1乃是最先发现的柯伊伯带天体。

2002年10月,美国天文学家迈克尔·布朗等人宣布,发现了一个直径约1300千米的柯伊伯带天体。它是自1930年发现冥王星以后,迄当时为止在太阳系中发现的最大天体,比位于火星与木星之间的小行星带中的全部天体合在一起还要大。它比冥王星离太阳更远些,与太阳相距约43天文单位,每288年绕太阳公转一周。后来,它被命名为"夸奥尔"——一个美洲土著部落的创造之神。

随后几年中,"夸奥尔"保持的纪录不断被刷新。其中最重要的是迈克尔·布朗等人发现的"阅神星"。它的直径略大于冥王星,公转轨道是一个长长的椭圆,绕太阳转一周需557年。2005年7月宣布发现时,它与太阳相距约97天文单位,即约145亿千米。正是阅神星的现身,促使国际天文学联合会于2006年8月作出决议,在太阳系天体分类中增设一类"矮行星"。当时首先取得矮行星身份的3个天体便是阅神星、冥王星和谷神星,以后又增添了鸟神星和妊神星。

在已发现的柯伊伯带天体中,直径1000千米左右的共有10来个。估计直径超过50千米的柯伊伯带天体可能达10万之众,直径1—10千米的可能多达10亿个,尺度更小的数量就更多了。另一方面,目前也不能彻底排除柯伊伯带中存在同火星或地球大小相仿的天体之可能性。柯伊伯带天体是太阳系形成之初的残留物,它们可以为探索当初的环境条件提供各种相关的线索。

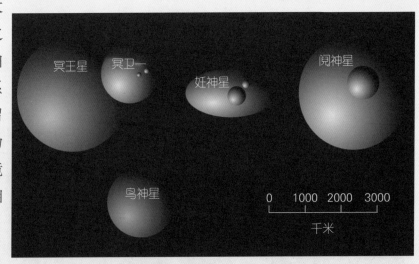
4颗矮行星的大小、反照率和颜色比较Ⓑ

1994 年

观测彗星—木星相撞

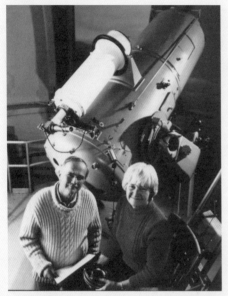

美国天文学家尤金·休梅克和卡罗琳·休梅克夫妇⑩

美国天文学家尤金·休梅克和卡罗琳·休梅克是一对有鲜明个性的夫妇。尤金生于1928年,曾梦想能登上月球,却因身患疾病而无法如愿。但是,他将阿波罗宇航员培训成了登上月球的地质学家。1969年,他加入了一个近地小行星搜索小组。1997年69岁的尤金死于车祸,他的部分骨灰于1999年被带到了月球上。卡罗琳生于1929年,在3个孩子长大后,她本人已经51岁的时候,开始从事天文学研究。后来她发现了超过800颗小行星以及32颗彗星。

1993年3月24日,休梅克夫妇和著名科学作家兼业余天文学家戴维·霍华德·利维,利用帕洛玛山天文台一架口径46厘米的望远镜发现了一颗彗星。这是他们3人合作发现的第9颗彗星,故命名为"休梅克—利维9号"彗星。它与其他彗星不同,是在环绕木星转动——而不是环绕太阳运行时被发现的。它不是单一的天体,而是一大串彗星碎块。天文学家计算出,那应该是在1992年7月7日,它因为过于靠近木星,而在木星引力拉扯下撕裂了。

1994年7月16日至22日,这些碎块严格按照预报的时间,以60千米/秒的速

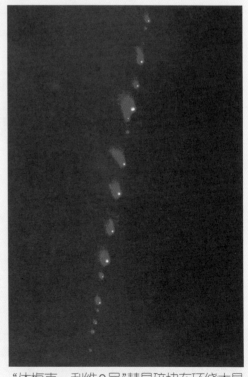

"休梅克—利维9号"彗星碎块在环绕木星运行 每个碎块周围都包裹着气体尘埃云。⑩

加拿大业余天文学家戴维·利维在美国国家航空航天局喷气推进实验室演讲ⓦ

度,连珠炮似地撞入木星南半球的大气中。天文学家把那些主要的碎块编上号,最先撞上的是第21号碎块A,然后是第20号碎块B,依次类推,直到最后一个是第1号碎块W。自从天文望远镜发明以来,人类还是第一次观测到太阳系内规模这么大的天体相撞。当时,正在太空中的哈勃空间望远镜、"伽利略号"木星探测器、"旅行者2号"宇宙飞船、"国际紫外探测器"(IUE)、"伦琴X射线天文台"(ROSAT)等8个卫星和飞船,以及无数的地面望远镜,纷纷在各个波段对它进行观测。

碎块A撞击木星释放出的能量相当于2000亿吨TNT炸药,或相当于1000万颗第二次世界大战中投在日本广岛的原子弹。撞击后产生了蘑菇云和一个高达1000千米的大火球,并在木星上留下了如地球大小的撞击痕迹。在全部碎块中,最大的是第15号碎块G,直径接近4000米。它于7月18日与木星相撞,产生的烈焰上升到1600千米的高度,撞击点周围出现的黑斑要比地球大得多。这是对木星的最沉重的一击,产生的能量相当于6万亿吨TNT炸药,瞬间温度达3万摄氏度以上。7月22日,碎块W上演了整个撞击的压轴戏。所有的撞击点都在著名的木星大红斑东面偏南,其中有的彼此挨得很近,甚至重叠,可以清晰辨认的撞击点共有18个。

有的天文学家估计,这颗彗星可能早在20世纪20年代就成了木星的俘虏,后来它的轨道变得越来越瘦长,最靠近木星的距离也越来越小,直到撞上木星为止。

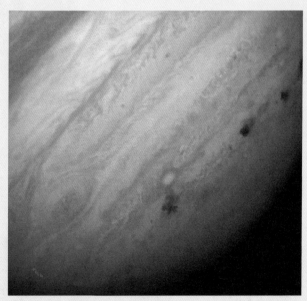

"休梅克—利维9号"彗星撞击后的木星　从右边缘往左下方沿一直线排列的4个黑斑,都是彗星碎块撞击后留下的痕迹。ⓦ

1995 年
发现太阳系外主序星的行星

天文学家把太阳系以外绕着其他恒星转动的行星统称为系外行星。1992年,波兰天文学家亚历山大·沃尔兹森和加拿大天文学家戴尔·安德鲁·弗雷尔发现脉冲星PSR 1257+12拥有两颗或更多的行星,人类才首次确认系外行星的存在。然而,对于生命来说,脉冲星周围的环境条件实在太过严酷,很难指望那里的行星能够拥有生命。人们更感兴趣的是,在类似太阳的恒星周围寻找类似地球的行星。或许在这样的"另一个地球"上,也会进化出高等的智慧生命。

1995年10月,瑞士日内瓦天文台的天文学家米歇尔·马约尔和他的学生迪迪埃·奎洛兹宣布,在距离太阳50光年的G型星飞马座51周围发现了一颗行星。这是在太阳型恒星周围发现的第一颗系外行星,很快就引起了各国科学家和社会公众的高度关注。同太阳系中的行星一样,系外行星自身也是不发光的。从地球上看去,它们都被母恒星的强烈光辉淹没了,因此很难观测到。那么,天文学家是怎样发现它们的呢? 至今最为有效的方法有两种,即视向速度法和凌星法。

视向速度法利用的是多普勒效应:如果一颗恒星周围有行星绕着它转动,那么这颗恒星反过来也会受到行星引力的影响,它的视向速度就会发生微小的变化,从而导致其光谱线发生周期性的红移和蓝移。通过测量光谱线红移和蓝移的大小,天文学家就可以推算出恒星的运动速度,并据此判断其周围是否有行星。飞马座51的行星正是这样发现的。

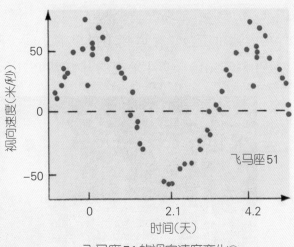

飞马座51的视向速度变化⑧

凌星法的原理与日食相似。如果从地球上看去,行星环绕恒星转动时恰好从恒星前面经过——即行星凌母恒星,从而遮掩了部分星光,那么观测者就会发

现这颗恒星变暗了。根据恒星的这种周期性明暗变化，也可以推断是否有行星环绕它转动。2009年3月，美国发射的开普勒空间望远镜，就专门用于探测恒星亮度的周期性变化，寻找银河系中的"另一个地球"。

瑞士天文学家米歇尔·马约尔（左）和迪迪埃·奎洛兹①

截至2015年6月8日，天文学家已经在1221颗恒星周围发现了1930个系外行星，其中包括484个多行星系统。这些系外行星情况各异，大部分都不适宜生命栖居，估计只有总数的约2%有可能成为"另一个地球"的候选者。例如，利用开普勒空间望远镜发现的系外行星开普勒22b，直径是地球的2.4倍，公转周期约290天，和地球上的一年相差不远，它的母恒星又和太阳很相似。据此估计，开普勒22b的表面温度约为21℃，那里有可能存在液态水。天文学家经常谈论的"宜居带"，是指太阳或其他恒星周围的某个特定空间区域，只有在此区域中的行星表面才有可能存在足够的液态水和大气层。宜居带应该是离母恒星既不太近又不太远的一个球壳状空间区域。太阳系中的宜居带离太阳约0.7—3.0天文单位，大致位于金星轨道到小行星带之间。开普勒22b也位于其母恒星周围的宜居带中。2015年7月发现的开普勒452b被认为是到那时为止所发现的宜居

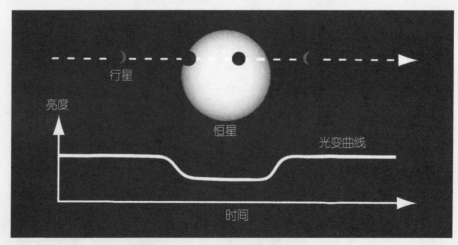

凌星法发现系外行星原理图⑧

开普勒空间望远镜艺术形象图Ⓦ

条件与地球最为相似的系外行星,它的直径约为地球的1.6倍,与母恒星开普勒452之间的距离与日地距离很接近。

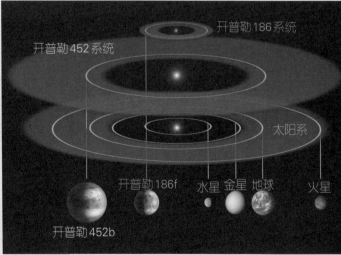

开普勒22(左)、开普勒452和开普勒186(右)的行星系统宜居带与太阳系宜居带的比较　图中各行星的大小,以及各行星公转轨道的直径,均按比例画出。Ⓦ

239

1997 年

"火星探路者号"携火星车考察火星

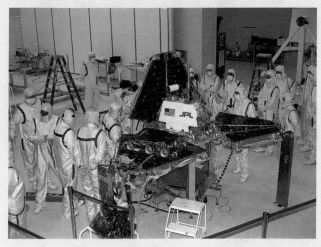

美国喷气推进实验室的工作人员正在安装"火星探路者号"着陆器ⓦ

1976年，美国的"海盗1号"和"海盗2号"火星探测器实现了在火星表面软着陆，取得了丰硕的考察成果。但是，它们的着陆器不会"走路"，只能停留在原地观测和摄影；它们采集岩石和土壤样品的取样臂仅长3米，目标稍远即鞭长莫及。人类需要一名具有机动能力的"侦察兵"，前往火星四处打探。

为此，美国的"火星探路者号"于1997年7月着陆到火星上的阿瑞斯谷，它携带的火星车"旅居者号"实现了在火星上自动行驶的梦想。

"火星探路者号"首创了一种全新的着陆方式，它没有环绕火星转圈，便直接进入火星大气，并将着陆器投放到长200千米、宽100千米的椭圆形目的地内。在着陆前2分钟，高度9.4千米时，着陆器的降落伞打开；着陆前10秒钟，高度330米时，着陆器周围的许多气囊按时充气，将着陆器团团裹住；最终着地时，气囊像一只巨大的足球那样——着陆器就裹在里面，在火星大地上弹跳了好多下，终于停顿下来。15分钟后，气囊排气、收拢；80分钟后，着陆器的3块侧护板像花瓣那样展开，外端搭地，形成3条坡道。第二天，"旅居者号"火星车驶下坡道，在火星表面留下了清晰的轮印，从

1995年"火星探路者号"的气囊在接受测试ⓦ

"火星探路者号"着陆器拍摄的火星表面360°全景照片　近处是着陆器自身的局部影像，3条坡道和收拢后的气囊清晰可见。Ⓦ

照片上可以看到，它左侧的轮子刚碾过一块小石头。"旅居者号"重约10千克，高0.30米，长0.65米，宽0.48米，外貌像一只带有6个轮子的大号微波炉。它步履稳健，每秒钟只移动1厘米；它活动范围不大，却是在地球以外的行星上走动的第一个人造器械。它所需的电力，由太阳能电池板和3节锂238电池提供。"旅居者号"的主要使命是收集岩石和土壤样品，分析它们的化学成分。它的前部装有能探测障碍物的雷达和2架黑白照相机；后部有1架彩色照相机，可以对附近目标拍摄特写镜头。它有一架阿尔法—质子—X射线谱仪，可以用放射性同位素锔224发出阿尔法粒子和质子，轰击探测目标，并分析从被测目标反射的X射线，从而获悉它的化学成分。它携带的"火星探路者成像器"置于一根一人高（1.8米）的支柱顶端，用于拍摄360°全景照，两只分开的"眼睛"视角略有差异，这样拍摄的两幅照片结合起来就会产生立体感。在这架成像器拍摄的全景照片上，甚至能分辨出着陆器上的螺钉头是不是十字形！

阿瑞斯谷看来很像地球上的荒漠，但显示出了地质学上的多样性。大量迹象表明火星古代曾有洪水泛滥，气候也远比今天温暖，这种情形适合于生物生存。然而，"火星探路者号"仍未在火星上发现任何生命活动的迹象，人们也还未查明那些水后来究竟是如何消失的。

"旅居者号"正在考察一块被称为"瑜珈熊"的岩石Ⓦ

241

1998 年
观测 Ⅰa 型超新星发现存在暗能量

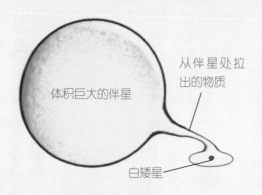

从伴星处拉出的物质

体积巨大的伴星

白矮星

Ⅰ型超新星爆发起因示意图　白矮星从巨大的伴星吸积气体，使物质转移到自身表面。当它无法再支撑自身的质量时，就会坍缩而发生巨大的爆炸。B

超新星有Ⅰ型和Ⅱ型两大类。我们在谈论大麦云超新星1987A的时候，已对Ⅱ型超新星作了具体介绍。这里再来讲述Ⅰ型超新星。

Ⅰ型超新星的前身与新星类似，是由一颗巨星和一颗白矮星组成的双星系统。不同的是，对Ⅰ型超新星来说，物质会源源不断地从巨星向白矮星表面转移，使白矮星的质量不断增加，直到超过约1.4倍太阳质量（钱德拉塞卡极限）时，就会因发生坍缩而将自身炸毁。Ⅰ型超新星还可以根据不同的光谱特征细分为几个子类。对于Ⅰa型超新星，白矮星的核心密度大得足以触发碳元素和氧元素发生核聚变；而且由于聚变得不到约束，就会发生异常剧烈的爆炸，致使光度陡然增高，同时将大量物质释放到周围星际介质中。特别重要的是，所有的Ⅰa型超新星的极大光度几乎都是一样的，仿佛是一种超级的标准烛光，只要比较一下这种超新星的极大光度与相应的视亮度，就可以推算出它的距离。

当代天文学最重要的发现之一，就是宇宙的加速膨胀。侦破这起"大案"的最初线索，正是由Ⅰa型超新星提供的。天文学家发现，在遥远的星系中，Ⅰa型超新

超新星1994D

超新星1994D是一颗Ⅰa型超新星　它位于遥远星系NGC 4526的外围。N

星看起来要比预期的更暗淡，也就是说，它们的距离事实上比按照哈勃定律推算的更加遥远。早先宇宙学家们认为，既然大爆炸的原初推动力已经消失了，那么

宇宙膨胀的速率应该在逐渐放慢。因此,宇宙在加速膨胀这一事实必定意味着原先的宇宙学理论中漏掉了什么东西。那么,真实情况究竟如何呢?

　　按照大爆炸宇宙论,在暴胀阶段之后,宇宙膨胀的速度确实应该由于物质之间的引力制动作用而逐渐减慢。但是在1998年,美国有两个研究小组各自独立地通过搜寻遥远星系中的Ia型超新星,发现宇宙其实是在加速膨胀。这一结果从根本上动摇了人们对宇宙的传统理解。究竟是什么力量促使所有的星系彼此加速远离?科学家们并不清楚这种与引力相对抗的力量究竟是什么,而是姑且先给它起个名字,即"暗能量"。它的属性尚不确定,但似乎同爱因斯坦在广义相对论中提出的宇宙学常数有点类似。

　　上述两个研究小组之一,由物理学家索尔·珀尔马特领导,另一个小组以天文学家布赖恩·施密特和亚当·盖伊·里斯为主。在他们发现宇宙加速膨胀之后,天文学家又通过其他途径证实了这一发现。根据对Ia型超新星以及对微波背景辐射的观测,科学家们得出一个关于宇宙物质—能量组成的"金字塔"图景:由普通原子构成的气体、行星、恒星、星系等仅占宇宙总质能的4%,相当于金字塔顶;中间的约23%是塔身,由不参与电磁相互作用因而无法被看到,但通过引力作用却可以被探测到的"暗物质"构成;作为塔基的约73%,则是无时无处不在的暗能量。如今人们还不知道怎样在实验室中"摆弄"暗能量,唯一的途径仍是

美国物理学家(左起)索尔·珀尔马特、亚当·盖伊·里斯、布赖恩·施密特于2006年获得邵逸夫天文学奖时的合影　他们后来又获得了2011年诺贝尔物理学奖。Ⓦ

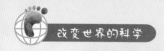

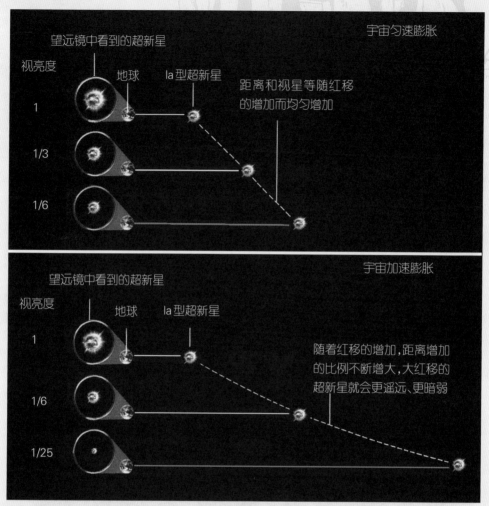

宇宙加速膨胀的证据　如果宇宙匀速膨胀,超新星的亮度就会与红移成正比(上图)。事实上,遥远Ia型超新星的亮度要比红移所代表的亮度更暗(下图),表明宇宙的膨胀在加速。Ⓑ

通过天文观测来探索其奥秘。揭开暗能量之谜,可能催生宇宙学乃至物理学的革命。因此,1957年诺贝尔物理学奖获得者李政道断言,暗能量将是21世纪物理学面临的最大挑战。

2011年,珀尔马特、施密特和里斯因通过对遥远超新星的观测,发现当前宇宙正在加速膨胀而获得诺贝尔物理学奖。

图片来源

本书所使用的图片均标注有与版权所有者或提供者对应的标记。全书图片来源标记如下：

Ⓖ 华盖创意（天津）视讯科技有限公司（Getty Images）

Ⓦ 维基百科网站（Wikipedia.org）

Ⓟ 已进入公版领域

Ⓒ《彩图科技百科全书》

Ⓝ 美国国家航空航天局网站（www.nasa.gov）

Ⓢ 上海科技教育出版社

Ⓑ 卞毓麟提供

Ⓨ 吴昀提供

Ⓞ 其他图片来源：

P2左下，大英博物馆；P3右下，Photographed by the British Museum；P9右上，Luc Viatour；P10下，《中国大百科全书·天文学》（1980年）p565；P22上、P67右下、P98左上，C·弗拉马里翁《大众天文学》（李珩译）；P23左上，潘鼐《中国恒星观测史》；P28右上，《宋史》；P36下，Dave Proffer；P37，Alaexis；P38，Marek & Ewa Wojciechowscy；P39左下，Holger Weinandt；P46左下，Michael Dunn；P54右上，Rob Koopman；P54左下，Rob Koopman；P56左下，User:Solipsist (Andrew Dunn)；P57左上，Karen Mardahl；P68右下，Photograph by Mike Peel；P58右下，Royal Greenwich Observatory Illustrated；P69左上，Racklever at en.wikipedia；P89右上，Till F. Teenck；P109右上，Lalupa；P106下、P208左上，Celestrial Treasury by Marc Lachièze-Rey and Jean-Pierre Luminet；P114下，Ken Spencer；P116左上，ESA/Hubble and Digitized Sky Survey 2；P121下，Daniel Schwen；P131左上，Alexander Meleg；P132下，The Realm of Nebulae by Edwin Hubble；P133右上，Hewholooks；P135右上，User:Hackspett source: own image；P136左上，Joop van Bilsen；P137右上，《星云世界的水手——哈勃传》；P139左下，Taken by Pretzelpaws with a Casio Exilim EX-Z750 camera. Cropped 8/16/05 using the GIMP；P140右上，Taken by Pretzelpaws with a Casio Exilim EX-Z750 camera. Cropped 8/16/05 using the GIMP；P141右上，Eyes on the universe；P142下，Ssopete；P144左上，Original uploader was Saber1983 at en.wikipedia；P145右下，Jarek Tuszynski；P147右上，Andreas Fink；P148左上，Ian Howard；P153左上，http://www.phys-astro.sonoma.edu/BruceMedalists/Baade/index.html；P155左下，Hewholooks；P156中，Leon Petrosyan；P160右上，Photograph by Mike Peel；P160左下、P165下，The Cambridge Illustrated History of Astronomy by Michael Hoskin；P162左下，ESO/Sebastian Deiries；P164左上，Bogaerts, Rob / Anefo；P165下，Monthly Notices of the Royal Astronomical Society, volume118, plate6；P169右上，Contemporary Astronomy(4th edition) by Jay M. Pasachoff；P169左下，Realm of the Universe(4th edition) by Abell, Moriison and Wolff；P170左中，IAN_archive_510848_Interplanetary_station_Luna_1.jpg: Alexander

Mokletsov / Александр Моклецов；P170右下，Hayk；photo taken and edited by de:Benutzer: HPH on "Russia in Space" exhibition (Airport of Frankfurt, Germany, 2002)；P171右下，Русский: Вадим Кондратьев；P173左上，John Fowler；P177右上，Realm of the Universe(4th edition) by Abell, Moriison and Wolff；P180下，derivative work: Mbisanz；P181，右下 Fabioj；P187上，Andrzej Olchawa；P200左下，2008 Joseph Taylor With Marietta；P208左上，Celestrial Treasury by Marc Lachièze-Rey and Jean-Pierre Luminet；P209右上，ServiceAT；P209下，Astronomy Today(7th edition) by Chaisson and Mcmillan；P211右下，Betsy Devine aka Betsythedevine；P214左上，Contemporary Astronomy(4th edition) by Jay M. Pasachoff；P220下左，Nomo michael hoefner http://www.zwo5.de；P220下右，Christopher Michel；P225右下，Steve L. Martin；P226上，SiOwl；P226右，SiOwl；P227右上，ESO；P229下，http://www.tmt.org/sites/default/files/images/gallery/top view of tmt complex.jpg；P231右上，Gelderen, Hugo van / Anefo；P231下，Tubantia；P236左上，奎洛兹和马约尔个人主页。

特别说明：若对本书中图片来源存疑，请与上海科技教育出版社联系。